Geschichte

der

Transformatoren.

———

Von

F. Uppenborn,

Redacteur des Centralblattes für Elektrotechnik
und Leiter der elektrotechnischen Versuchsstation in München.

———

München und **Leipzig.**
Druck und Verlag von R. Oldenbourg.
1888.

Vorwort.

Nachdem in letzterer Zeit die Anwendung von Wechselstrom-
transformatoren bedeutend zugenommen hat und sich herausgestellt,
daſs dieselben in der That berufen sind, in dem Betriebe elektrischer Centralstationen eine hervorragende Rolle zu spielen,
dürfte eine kurze Darstellung der Entwickelung dieser Erfindung
einiges Interesse besitzen. Es schien uns diese Aufgabe um so
dringender, als in jüngster Zeit in den technischen Journalen
vielfach sehr bedenkliche Verdrehungen in bezug auf die Erfindungen und die Priorität derselben stattgefunden haben.

Wir haben uns die Mühe nicht verdrieſsen lassen, die groſse
Zahl der Patente nachzulesen und hoffen, daſs die kurze und
thunlichst objektiv gehaltene Darstellung der Resultate dieses
Quellenstudiums dazu beitragen möge, daſs die Verdienste der
einzelnen Erfinder richtiger gegeneinander abgewogen werden.

Der Verfasser.

Geschichte der Transformatoren.

Wenn wir die Entwickelungsgeschichte derjenigen Erfindungen schreiben wollen, welche in ihrem Endziel den Transformator hervorgebracht haben, so müssen wir auf eine Zeit zurückgreifen, welche von der modernen Entwickelung der Elektrotechnik sehr weit entfernt liegt. Den Ausgangspunkt unserer Betrachtung wird ein Mann bilden, der auf dem Gebiete der Elektricität in ähnlicher Weise Bahnbrechendes geleistet hat, wie Newton auf dem Gebiete der Mechanik, nämlich Faraday, dessen Name mit allen Erfindungen, welche die mechanische Erzeugung des elektrischen Stromes bezwecken, und dadurch mit der heutigen Entwickelung der Elektrotechnik in dem innigsten Zusammenhange steht.

Die wichtigste Entdeckung, welche wir Faraday verdanken, ist die der Induktion. Diese Entdeckung machte Faraday im Jahre 1831, sie wurde in einer Vorlesung am 24. November 1831 zum erstenmal der wissenschaftlichen Welt bekannt gegeben und erschien dann im Jahre 1832 in den »Philosophical Transactions«. Faraday 1831

Der erste Induktionsapparat von Faraday bestand aus zwei einfach übereinander geschobenen Drahtspulen. Indem er nun durch eine derselben mit Hilfe einer Batterie einen elektrischen Strom fließen ließ, machte er die Entdeckung, daß jedesmal wenn der Stromkreis der Rolle geöffnet oder unterbrochen wurde, in der zweiten Rolle eine elektromotorische Kraft thätig war, welche, wenn die Rolle z. B. durch ein Galvanometer geschlossen war, einen kurzen Stromstoß, einen sog. Induktionsstrom, zur Folge hatte. Das Charakteristische dieser Stromerscheinung bestand darin, daß sie sich nur während des Überganges der Rolle von dem stromlosen in den· stromerfüllten Zustand und umge· kehrt zeigte.

Diese Entdeckung gehört insofern unzweifelhaft in das Gebiet der Transformatoren, als die Induktion denjenigen physikalischen Vorgang bildet, auf dem Transformatoren, die ja im Grunde genommen Induktionsapparate sind, basieren.

Fig. 1 zeigt die Anordnung dieses fundamentalen Induktionsversuches. Die primäre Rolle ist mit der Batterie verbunden, die sekundäre mit dem Galvanometer. Um die gröfste Wirkung zu erzielen, schiebt man die primäre Rolle in die sekundäre hinein und öffnet und schliefst den primären Stromkreis. In dem Momente des Öffnens wird dann die Nadel des Galvanometers nach der einen, im Momente des Schliefsens nach der andern Seite abgelenkt.

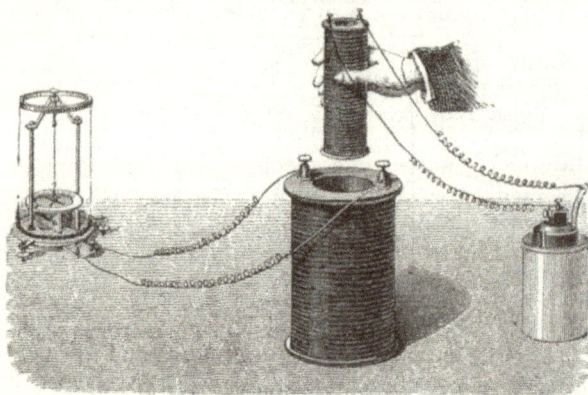

Fig. 1.

Als eine besonders wirksame Kombination zur Erzeugung von Induktionserscheinungen erwies sich eine von Faraday hergestellte Einrichtung, welche wir in Fig. 2 abbilden. Um einen Eisenring waren zwei getrennte Drahtsysteme von etwa gleicher Länge aufgewickelt. Das eine der Systeme wurde mit einer Batterie in Verbindung gebracht, während das andere mit zwei Elektroden versehen war. Wird nun das primäre System mit der Batterie in Verbindung gebracht, so erzeugt der Strom ein Bündel magnetischer Kraftlinien, welche fast ganz und gar in dem ringförmigen Eisenkern verlaufen. Da den magnetischen Kräften im Eisen nur ein geringer Widerstand geboten wird, so kommt eine sehr kräftige Magnetisierung zu stande, welche bei Stromschlufs in dem primären Kreise bedeutende Induktionswirkungen in dem sekundären zur Folge hat. Faraday erhielt mit diesem Apparate die ersten Induktionsfunken.

Dieser Induktionsapparat ist um so interessanter, als er bereits wenn auch nicht vollständig pollos so doch wenigstens magnetisch gut geschlossen ist. Insoferne hat er sehr viel Ähnlichkeit mit dem pollosen Transformator von Zipernowsky Déri Blathy. Er ist aber nicht ganz pollos, wie sich leicht zeigen läfst. Unter

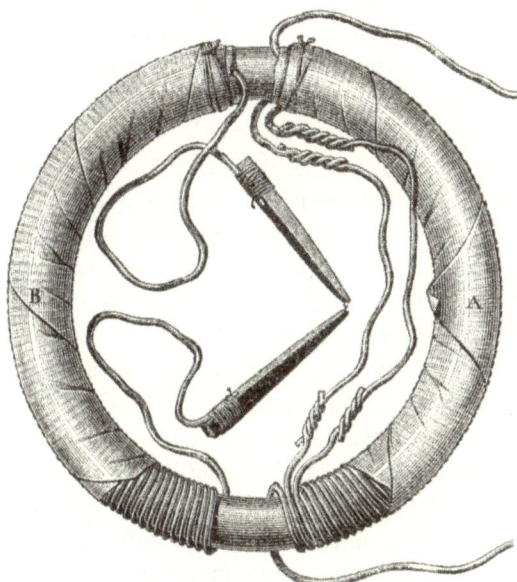

Fig. 2.

Polen in elektrischen wie magnetischen Kreisläufen versteht man nämlich diejenigen Punkte, welche die gröfste Differenz der Potentiale aufweisen. Es kommt aber ein magnetischer wie ein elektrischer Strom nur dann ohne Potentialdifferenz zu stande, wenn in jedem Längenelemente der Potentialverlust, nämlich das Produkt aus Widerstand und Strom, gleich ist dem Potentialgewinn d. h. der magneto- oder elektromotorischen Kraft. Daraus ergibt sich für den Fall eines Stromes ohne Potentialdifferenz die Forderung, dafs in jedem Längenelement der Widerstand und die magneto- oder elektromotorische Kraft dieselben sein müssen. Der magnetische Widerstand eines gleichförmigen Eisenringes ist nun zwar an allen Punkten konstant. Indessen war die magnetisierende Kraft nur auf der einen Seite des Ringes vorhanden. Mithin müssen sich an den beiden Enden der Magnetisierungsspirale Pole bilden. Der vorliegende Apparat hatte ein Übersetzungsverhältnis von 1 : 1, kann also auf die Bezeichnung eines Transformators überhaupt keinen Anspruch machen.

Der Faraday'sche Induktionsapparat in seiner Ureinfachheit war gewissermafsen der Embryo, aus dem sich alle Transformatoren, ja alle Dynamomaschinen entwickelt haben. Wie wir sahen, wurden die ersten Induktionsströme gewonnen, indem man den aus einer Batterie entnommenen Strom durch eine Spule leitete und ihn wieder unterbrach. Dieser Modus wurde anfänglich beibehalten. Nachdem aber Faraday bemerkt hatte, dafs die nämlichen Induktionsströme auch bei dauerndem Stromschlusse der primären Spule entstanden, wenn man diese Spule schnell in die sekundäre eintauchte oder aus ihr herauszog, und nachdem er erkannt hatte, dafs der Induktionsstrom seine Ursache darin hat, dafs durch den primären Strom ein magnetisches Feld erregt wird, wobei die Kraftlinien die Drähte der sekundären Spule schneiden, ersetzte er die primäre Rolle und Batterie durch einen Magnetstab, welcher in die Induktionsrolle eingetaucht wurde. (Fig. 3.)

Fig. 3.

Hieraus und aus der späteren Entwickelung dieser Erfindung geht hervor, dafs es sich nicht um einen Transformator in dem heutigen Sinn des Wortes, sondern um einen Sekundärgenerator handelte. Die Transformatoren in dem heutigen Sinne des Wortes wurden in Europa erst durch die Induktionsspule von Ruhmkorff bekannt. Allein, bevor wir uns mit dieser Erfindung beschäftigen, wollen wir eine viel ältere gleiche Erfindung erwähnen, welche schon im Jahre 1838 in den Vereinigten Staaten gemacht wurde. Es war dies die Induktionsspule von Prof. Page.

nry u. Page
1836.

Die Erfindung von Page hat sich aus einer Erfindung von Prof. Henry entwickelt. Henrys Apparat war nur ein primärer Induktionsapparat. Am 12. Mai 1836 erfolgte die erste Publikation von Prof. Page im Silliman-Journal unter der Überschrift: »Methode und Versuche, um mit dem Apparat des Prof. Henry physiologische Erscheinungen und Funken des Kalorimotors zu erhalten«. Im Mai 1837 publizierte Sturgeon in London in den Annalen der Elektricität die Apparate von Henry und Page.

Callan, ein englischer Physiker zu Minoth, zeigte zuerst im Jahre 1837, dafs man für den primären Strom dicke, für den sekundären dünne Drähte anwenden müsse, wenn man hohe Spannung erzielen wolle, während man vordem Drähte von zwar verschiedener Länge aber gleichem Querschnitte anwandte. Seine Apparate waren weit besser als die früheren bekannten, standen aber denen von Prof. Page erheblich nach. Callan 1837

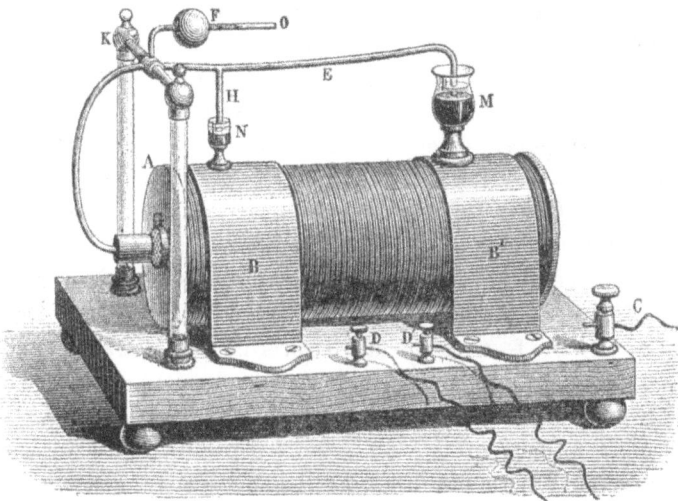

Fig. 4.

Die Einrichtung des Apparates von Page, den wir in Fig. 4 abgebildet, war folgende. Um ein Bündel Eisendrähte waren zwei voneinander wohl isolierte Drahtsysteme aufgewickelt. In die primäre Leitung war ein selbstthätiger Unterbrecher eingeschaltet. Derselbe bestand aus einem Doppelhebel E, der auf der einen Seite zwei nach abwärts gebogene Stücke besafs, welche in zwei Quecksilbernäpfe M und N eintauchten. Die Bewegung des Hebels war bis H noch verhältnismäfsig gering, so dafs der Stab H permanent mit dem Quecksilber N in Verbindung war. Bei M trat dagegen, wenn der Hebel etwas bewegt wurde, bereits Unterbrechung ein. Deshalb gofs Page über das Quecksilber Page 1838.

eine Schicht Alkohol, um die Oxydation zu verhindern. Die oscillierende Bewegung des Hebels wurde nun in der Weise hervorgebracht, daſs der Hebel, der an einer auf zwei Säulen K gelagerten Achse befestigt war, nach abwärts gebogen war und unten ein cylindrisches Eisenstück trug, welches sich dicht vor dem Drahtbündel G befand. Wurde nun die primäre Leitung mit einer Stromquelle verbunden, so wurde das Eisenbündel magnetisiert, zog den Anker an und brachte durch Heben des Hebels E bei M eine Unterbrechung des Stromkreises zuwege. Das Eisenbündel entmagnetisierte sich, ließ den Anker los, und das Spiel begann von neuem. Ein Gegengewicht F, welches auf einem Hebel O zu verschieben war, ermöglichte es, das Spiel des Unterbrechers zu regeln. Man wird finden, daſs dieser Unterbrecher einige Ähnlichkeit hat mit jenem, der viele Jahre später von Léon Foucault konstruiert wurde. Die Wirkungen, welche Page mit diesem Apparate erzeugte, waren weit intensiver, als jene mit dem Apparate von Ruhmkorff erzielten, denn es gelang dem genannten Erfinder mit Hilfe eines einzigen Grove-Elementes, im primären Stromkreise im sekundären Kreise eine solche Spannung hervorzubringen, daſs sich mit Hilfe derselben Funken von 4,5″ Länge in einer luftleeren Röhre erzeugen ließen; ein Resultat, das Ruhmkorff, so sehr und so verdientes Aufsehen seine Erfindung auch erregte, mit seinem Apparate nicht erzielen konnte. Im Jahre 1850 baute Page einen viel größeren Apparat.

Um von der Größe der hier ins Spiel kommenden elektromagnetischen Effekte eine Idee zu geben, wird es genügen, wenn wir sagen, daſs die Magnetisierungsspirale in sich einen Eisenkern von 520 kg schwebend erhalten konnte. Die primäre oder die Magnetisierungsspule war aus quadratischem Kupferdraht von 0,25″ hergestellt und als Batterie wurden 50 bis 100 Grove'sche Elemente verwendet, deren Platinplatte 100 ☐″ eingetauchte Oberfläche besaſsen. Dieser Apparat gab schon Funken von beträchtlicher Länge. Wurde bei maximaler Stromstärke der primäre Kreis unterbrochen, so wurden Funken von bis zu 8″ erhalten.

Ruhmkorff 1848. Ruhmkorff konstruierte den nach ihm benannten sog. Funkeninduktor, welcher ebenfalls zum Zwecke hatte, einen niedrig gespannten Strom in einen solchen von sehr hoher Spannung zu verwandeln, im Jahre 1848. Mit Hilfe der späteren größeren Ruhmkorff'schen Apparate ließen sich Effekte erzielen, wie sie ähnlich nur von den Reibungs-Elektrisiermaschinen geleistet wurden. Allerdings ist es sehr sonderbar, daſs die groſsartigen Leistungen des Page'schen Apparates selbst 1851 in Europa noch ganz unbekannt waren, während sich die Ruhmkorff'sche Erfindung zu dieser Zeit noch in embryonalem Zustande befand.

In Fig. 5 ist die ältere Form des Ruhmkorff'schen Apparates dargestellt. Derselbe besteht aus einer Spule aus gut isolierendem Material: gut getrocknetem Holz oder besser Hartgummi. Die beiden Ränder derselben sind meistens aus genuteten Glasscheiben hergestellt, welche durch zwei Drähte am Bodenbrett des Apparates befestigt sind.

Fig. 5.

Innerhalb der Spule befindet sich das schon mehrfach erwähnte Eisendrahtbündel. Auf der Spule ist dann zunächst der primäre oder induzierende Draht aufgewickelt. Da dieser Draht verhältnismäſsig kräftige Batterieströme fortzuleiten hat, so besteht er aus einer oder einigen Lagen dicken Drahtes. Auf diese primäre Spule, welche durch eine dem vorher beschriebenen Unterbrecher sehr ähnliche Vorrichtung hindurch mit zwei auf dem Grundbrett befestigten Endklemmen in Verbindung steht, wird dann nach Zwischenlage einer genügenden Isolation die sekundäre Spule aufgewickelt.

Da dieser Draht für sehr schwache Ströme bestimmt ist, wird er so fein genommen, als er noch genügend sicher hergestellt werden kann. Um hohe Spannung zu erzielen, muſs er in möglichst vielen Windungen die primäre Spule umgeben. Bei den älteren Apparaten hatte er eine Länge von 8 bis 10 km, gegenwärtig beträgt seine Länge 50 bis 60 km und darüber. Der induzierte Draht ist mit zwei auf Glasstäben gut isolierten Klemmen verbunden.

Um eine möglichste Isolierung der einzelnen Lagen der sekundären Wickelung voneinander zu erreichen, ist es bei weitem nicht ausreichend, daſs die Drähte gut mit Seide umsponnen sind, vielmehr wird jede Lage mit gutem Schellackfirnis extra getränkt und alles gut getrocknet. Unter dem Grundbrette, welches eigentlich ein Kästchen ist, befindet sich ein Kondensator, der mit der primären Wickelung in Verbindung steht. Derselbe hat folgende Einrichtung: Auf beiden Seiten eines mehrere Meter langen gut isolierenden Streifens von Wachstaffet sind bis auf einen entsprechend breiten Rand Stanniolfolien auf geklebt und das Ganze in geeigneter Weise zusammengefaltet. Schaltet man die beiden Stanniolflächen in die Enden des Hauptdrahtes ein, so werden die Wirkungen des Apparates wesentlich erhöht.

Fig. 6.

In Fig. 6 ist eine neuere Form des Ruhmkorff'schen Apparates abgebildet, bei welcher eine dem vorhin beschriebenen Quecksilber-Unterbrecher sehr ähnliche Vorrichtung angebracht ist. Je nachdem man das verschiebbare Gegengewicht hebt oder senkt, folgen die Oscillationen und damit auch die Induktionsströme langsamer oder schneller aufeinander.

Eine weitere Ausbildung resp. Modifikation der Erfindung von Page und Ruhmkorff finden wir in den beiden englischen Patenten der Brüder C. T. u. E. B. Bright vom 21. Oktober 1852 und No. 2103 vom Jahre 1855. In dem letzteren der beiden Patente sagen die Erfinder folgendes über das Wesen ihrer Erfindung:

. T u. E. B.
Bright 1855.

»In Fig. 7 [1]) ist ein Querschnitt einer nach dieser Methode hergestellten Induktionsrolle dargestellt, welche sehr kräftig wirkt.

Der primäre Draht, von dem nur ein Teil abgebildet ist, ist auf einem Eisenstabe aufgewickelt und mit einer Eisenröhre umgeben, welche mit dem Eisenstab in metallischer Verbindung steht durch die Seitenwände der Spulen, die gleichfalls aus Eisen sind. Die sekundären Spulen können gleichfalls mit einer Eisenröhre umgeben sein und einer weiteren primären Wickelung, falls der Stromkreis aufsergewöhnlich grofsen Widerstand besitzt, oder sie können in der Röhre eingeschlossen sein; und wo es nötig ist, die Quantität oder die elektromagneti-

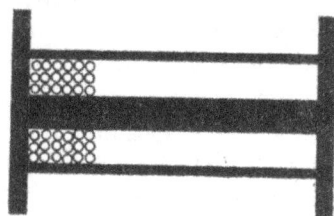

Fig. 7.

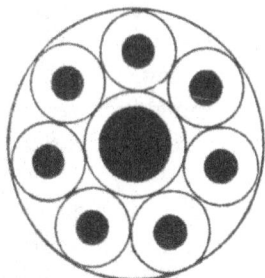

Fig. 8.

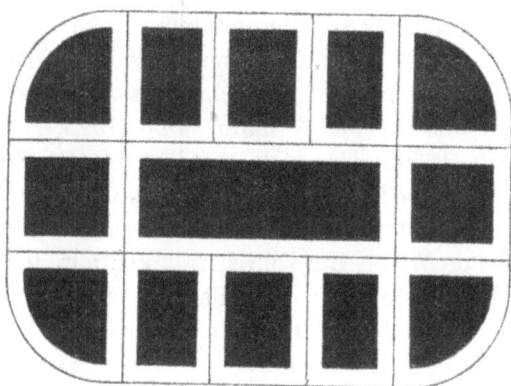

Fig. 9.

schen Effekte zu erhöhen, finden wir die in Fig. 8 und 9 dargestellten Formen, die nach denselben Prinzipien variiert werden können, für sehr leistungsfähig.

Der mittlere Eisenkern ist mit primärem Draht bewickelt, und von anderen Eisenstäben umgeben, welche in den grofsen Seitenteilen des mittleren Kernes befestigt sind. Diese Stäbe sind mit sekundärem Drahte bewickelt.

---

1) Im Text heifsen die Figuren 9, 10, 11.

Es können auch noch weitere primäre oder sekundäre Rollen in geeigneter Weise nach aufsen zu aus einer Hintereinanderschaltung mit dem ersten angeordnet werden, um eine gröfsere Ausdehnung des Poles und ausgedehntere Induktionswirkungen hervorzubringen, falls noch gröfsere Wirkungen erfordert werden.«

Dies Patent ist schon dadurch interessant, dafs wir hier bereits eine Disposition finden, welche beinahe 30 Jahre später durch Gaulard wieder aufgegriffen und praktisch verwertet wurde; es ist dies nämlich die Anordnung von mehreren vertikalen Induktionsspulen, Kolonnen, welche untereinander parallel verbunden sind.

Unter den Patenten des Jahres 1857 befindet sich auch ein englisches von Harrison, dessen Hauptanspruch darin besteht, dafs ein primärer Strom durch einen oder mehrere Induktionsspulen passiert und dafs die sekundären Spulen mit den Kohlenelektroden einer Bogenlampe verbunden sind. Etwas bemerkenswertes bietet die Beschreibung nicht.

Harrison 1857.

Dem ersten Versuch einer industriellen Ausbeutung der Induktionsspulen zu Beleuchtungszwecken begegnen wir im Jahre 1878. In diesem Jahre nahm Jablochkoff ein deutsches Patent, No. 1630, das auch wirklich in der Praxis ausgeführt wurde. Jablochkoff benötigte bekanntlich zum Speisen seiner Kaolinlampe Ströme von sehr hoher Spannung, welche damals in geeigneter Weise nur durch Funkeninduktoren zu erzeugen waren. Er schreibt in seinem Patente darüber:

Jablochkoff 1878.

»Die Herstellung einer elektrischen Beleuchtung nach meinem System begreift eine Serie von Induktionsrollen in sich, wovon die inneren Drähte in eine elektrische Leitung eingeschaltet sind.«

Jablochkoff benutzte sowohl intermittierende Gleichströme wie Wechselströme. Für die ersteren war die Einrichtung die in Fig. 10 dargestellte.

Jablochkoff schreibt darüber:

»In diesem Falle sind die Induktionsrollen mit Unterbrecher und Kondensator ausgestattet, oder man kann auch, wie die Zeichnung nachweist, einen und denselben Unterbrecher für alle Rollen anwenden. Die Induktionsrollen $B^1 B^2 B^3$, nach einem beliebigen Prinzipe konstruiert, sind in der Nähe der Lichtherde angebracht.«

Über die Anwendung von Wechselströmen sagt Jablochkoff: »Diese Disposition weicht von der ersteren nur durch die Weglassung des Unterbrechers und des Kondensators der Rolle ab.

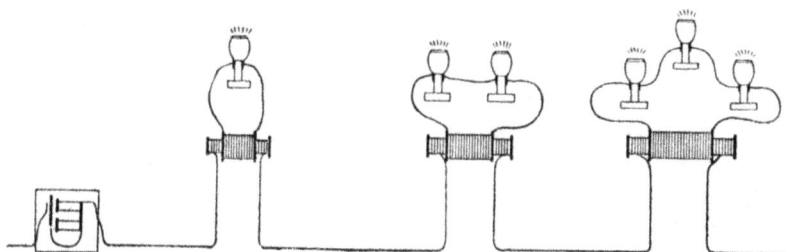

Fig. 10.

Die in Fig. 11 angewendeten Rollen sind in Fig. 12 detailliert gezeichnet. Auf einer kreisförmigen Scheibe C aus weichem Eisen erhebt sich in der Mitte derselben ein hohler Cylinder b aus Holz

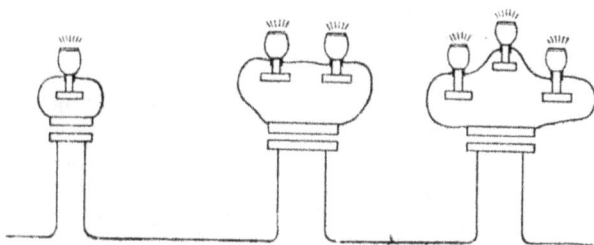

Fig. 11.

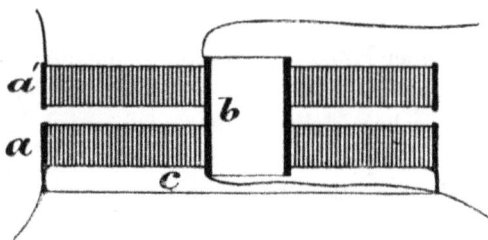

Fig 12.

oder anderem isolirten Materiale; um den unteren Theil des letzteren ist die Hauptspirale a gewickelt, welche aus bandförmigen Kupferstreifen oder anderem Metalle besteht. a^1 ist die in gleicher Weise zusammengesetzte Induktionsspirale, deren Drahtenden zu den Licht-

herden führen. Zwischen den einzelnen Windungen der Spirale sind
Streifen aus Papierkarton oder einem anderen isolierenden Material
angebracht. Die Spirale a ist in die Hauptleitung, wie Fig. 11
zeigt, eingeschaltet.« Interessant ist noch der Anspruch 2 dieses
Patentes, welcher folgendermaßen lautet: »Die Einführung einer
Serie von Induktionsrollen in den Umkreis eines beliebigen Elek-
tricitätsgenerators zur Erzeugung einer Serie von Induktions-
strömen, welche es gestatten, Lichtherde von verschiedener Intensität durch eine einzige Elektricitätsquelle zu versorgen, was zur
vollständigen Teilbarkeit des elektrischen Lichtes führt.«

Das eben beschriebene Jablochkoff'sche System war im Jahre
1878 auf der Pariser Weltausstellung, im Jahre 1881 auf der
Pariser Elektricitätsausstellung in Betrieb zu sehen. Eine eigent-
liche industrielle Anwendung desselben scheint aber nicht stattgefunden zu haben.

T. u. E. B.
Bright 1878. Im Jahre 1878 hatten auch die beiden Brüder B r i g h t weitere Fortschritte in der Benutzung von Induktionsspulen für
elektrische Beleuchtungszwecke gemacht, und sie entnahmen in
diesem Jahre ein englisches Patent No. 4212, in welchem die
Benutzung von Wechselströmen zur Inbetriebsetzung von sekundären Apparaten oder Induktionsspulen an den verschiedenen
Punkten, wo Licht erforderlich ist, beschrieben wird. Wir wollen
an dieser Stelle aus dem erwähnten Patente 4212 einige sehr interessante Sätze citieren, welche abermals zeigen, daß die Brüder
B r i g h t schon im Jahre 1878 die Eigenschaften der Transformatoren, welche dieselben für Beleuchtungszwecke geeignet machen,
genau kannten und in wirklich auffallender Weise die in dem
späteren Gaulard'schen Patente erwähnten Elemente vorwegnehmen.
Es heißt nämlich in dieser Patentbeschreibung u. a.: »An jedem
Punkte, wo elektrisches Licht benutzt wird, wird die elektrische
Lampe oder eine Gruppe solcher Lampen durch die sekundäre
Spule oder durch die sekundären Spulen eines dort placierten
Induktionsapparates gespeist. Die primären Spulen aller Induktionsapparate befinden sich in dem Stromkreis einer Hauptleitung, welche für sämtliche Spulen gemeinschaftlich ist und
welche mit einer Batterie oder aber mit einer an irgend einem
entsprechenden Platze aufgestellten magnetoelektrischen Maschine
in Verbindung steht. Die Größe und Länge der primären und
sekundären Spule des Induktionsapparates wird je nach der An-

zahl der Lampen festgestellt, welche an jedem Punkte sich befinden, wo der sekundäre Strom das elektrische Licht speisen
soll.«

Im gleichen Jahre nahmen auch Edmund Edwards und Edmund Ed
wards u. Al
phonse Nor
mandy 1878
Alphonse Normandy ein englisches Patent, welches die Anwendung von Induktionsrollen zur Verteilung von Licht, Wärme
und motorischer Kraft zum Gegenstande hat. In diesem Patente
heifst es u. a.:

»In oder nahe bei jedem Punkt, wo Licht hervorgebracht
werden soll, stellen wir eine Rolle (oder eine Serie von Rollen)
aus isoliertem Metalldraht auf, welche meistens ein Stab oder
Drähte von weichem Eisen umgeben, durch welche Rolle oder
Rollen der Strom aus dem erwähnten Hauptdraht hindurch geführt oder mit Hilfe eines Ausschalters vorbei geleitet werden
kann, je nachdem es erforderlich ist. Um oder an jede Rolle
aus isoliertem Draht, wie beschrieben, legen wir eine oder mehrere
Sekundärrollen von isoliertem
Metalldraht oder -Band, derge-
stalt, dafs ein durch die Primär-
rollen hindurchgehender schnell
intermittierender elektrischer
Strom in jeder der Sekundärrollen
einen entsprechenden elektrischen
Strom hervorruft«.

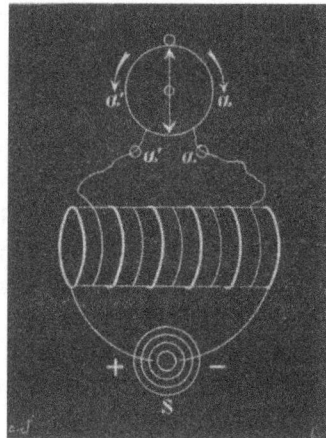

Fig 13.

In demselben Jahre hat auch Strumbo 1878
Strumbo einen gleichen Sekun-
därgenerator konstruiert wie
Gaulard, und eine nähere Be-
schreibung desselben war in der
Nummer vom 24. Oktober 1878
der Zeitschrift »Le Monde« ent-
halten. Interessant bei dem
Apparat von Strumbo, den wir in Fig. 13 abbilden, ist der
Umstand, dafs primäre und sekundäre Drähte nebeneinander
Seite bei Seite aufgewickelt sind, dafs also beide Stromkreise in
bezug auf den Eisenkern möglichst gleiche Anordnung besitzen.

Auch Harrison meldete in diesem Jahre wiederum ein Harrison 1878
englisches Patent No. 3470 an, welches dieselbe Benutzung von
Induktionsspulen zum Gegenstande hatte, wie sein Patent vom

Jahre 1857. Beide Patente hatten die Hintereinanderschaltung von Induktionsspulen in Vorschlag gebracht. Dies ist besonders in dem letzten Patente deutlich gesagt, denn es heiſst dort, daſs die Induktionsspulen in Intervallen längs einer Hauptleitung oder in den primären Stromkreis geschaltet werden und zwar, daſs immer eine oder mehrere Spulen in der Nähe jener Plätze angebracht werden, wo Lampen gespeist werden sollen.

Meritens 1878. Auch bei Meritens finden wir in seinem englischen Patente vom Jahre 1878 Nr. 5257 nur die Hintereinanderschaltung der primären Rollen in den Stromkreis der Maschine beschrieben.

Meritens beabsichtigte an Stelle der früher vielfach angewendeten von einander isolierten Stromkreisen der Wechselstrommaschinen einen einzigen von einer groſsen oder einer Kombination kleiner Wechselstrommaschinen gespeisten Stromkreis anzuwenden, in der die primären Spulen einer groſsen Anzahl in einer Stadt verteilter Induktionsapparate hintereinander geschaltet waren, und wobei die Maschine oder die Maschinenkombination so ausgerechnet war, daſs genügende Stromstärke und Spannung für diesen Zweck vorhanden waren. Auſserdem kombinierte Meritens auch die sekundären Spulen mehrerer Apparate, so daſs er verschiedene Stromstärke und Spannung zu erzeugen im stande war.

Wir kommen jetzt zu einem Erfinder, welcher auf dem Gebiete der elektrischen Beleuchtung mit Transformatoren zu jener Zeit die gröſsten Erfolge aufwies und dessen System sich auch nach jeder Richtung hin von allen vorhergehenden auf das vorteilhafteste unterscheidet. Dieser Mann heiſst Jim Billings Fuller.

J B. Fuller 1878. Fuller begann schon im Jahre 1874 sich mit dem Studium der elektrischen Beleuchtung zu beschäftigen und widmete seine ganze Thätigkeit in seinem Laboratorium zu Brooklin diesem einen Gegenstande. Das Stromverteilungssystem von Fuller wurde zuerst in Amerika im Jahre 1878 patentiert. Dieses Patent datiert vom 26. November des genannten Jahres und ist mit No. 210317 bezeichnet. Der Fuller'sche Apparat ist in Fig. 14 abgebildet. Derselbe ist ein Induktionsapparat mit darauf montierter elektrischer Lampe; letztere war augenscheinlich eine Jablochkoff'sche Kerze. Der Induktionsapparat, auf den wir später nochmals zurückkommen, bestand aus zwei zu einem Stück zusammengefügten Hufeisenmagneten, welche in der Mitte, wo sich die kleineren Induktionsspulen befinden, nach Art der Magnete in der Gramme'schen Maschine Folgepole besafsen. Die vier gröfseren Rollen sind die primären oder Magnetisierungsrollen, die vier kleineren, welche sich also auf den Polen des doppelten magnetischen Systems befanden, sind die Sekundärrollen. Der Hebel $M\ N$ besteht aus Eisen und dient zur Schwächung der

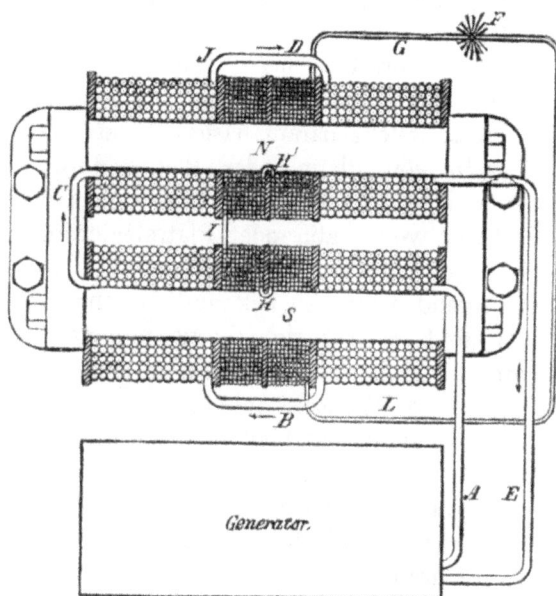

Fig. 14.　　　　　　　　Fig. 15.

magnetischen Pole und somit der Induktionswirkung, indem er eine magnetische Nebenschliefsung herstellt. Wir finden hier zum ersten Mal die Anwendung einer Regulierung.

In Fig. 15 ist die Schaltung dargestellt [1]).

Wie bereits erwähnt, war es Fuller geglückt, viele von jenen Nachteilen, welche den vielfach sehr verkehrt konstruierten Transformatoren seiner zahlreichen Vorgänger anhafteten, zu beseitigen. Indessen, als er gerade damit beschäftigt war, seine Erfindungen in die Praxis einzuführen, wurde er ein Opfer seiner aufreibenden Thätigkeit; eine Krankheit raffte ihn am 15. Fe-

---

1) Siehe auch: Scientific american 1879, 5. April S. 212

bruar 1879 dahin. Nur wenige Stunden vor seinem Tode liefs
er noch seinen Werkführer Georges zu sich rufen und setzte
ihm die Grundzüge seines Systems auseinander. Nachdem er
seinen Vortrag beendet hatte, richtete er an seinen Werkführer
die Frage, ob er alles das, was er ihm erklärte, auch wohl verstanden habe. Auf die bejahende Antwort des Gefragten, lächelte
er befriedigt, und schlofs einige Augenblicke später sein thaten-
reiches Leben, welches so viel Aussicht auf Erfolge gewährt
hatte.

Iward Henry
ordon 1880. Im Jahre 1880 nahm Edward Henry Gordon das englische
Patent No. 41826. Gordon hatte eine elektrische Lampe konstruiert, welche darauf basierte, dafs ein Funkenstrom zwischen
Kugeln von Platin oder Platiniridium übersprang und diese
Kugeln in Weifsglut versetzte. Die Kugeln waren an dünnen
Drähten von Platin oder Platinlegierung befestigt, welche zum
Teil zur Stromleitung dienten. Da zur Erzeugung von über-
springenden Funken bekanntlich sehr hohe Spannungen erforderlich sind, so sah sich Gordon genötigt, auf Induktionsspulen
zurückzugreifen, welche er durch magnetoelektrische oder dynamo-
elektrische Wechselstrommaschinen zu erregen beabsichtigte. In
seinem Patente beschreibt er dann die Ausführung der Induktionsspulen, mit denen er thatsächlich zwei Lampen von 50 Kerzen
oder eine Lampe von 100 Kerzen gespeist hat, folgendermafsen.
Die primäre Rolle besteht aus einem Bündel Eisendrähte, welches
1,3″ Durchmesser hat und 10″ lang ist. Die Wickelung besteht
aus drei Lagen isoliertem Kupferdraht von 0,08″ Durchmesser.
Die sekundäre Spule ist auf einer isolierenden Röhre aufgewickelt und besteht aus einem ²/₃ engl. Meilen langen 4 fach
mit Seide besponnenen in 60 Abteilungen geteilten Kupfer·
draht von 0,0075″ Durchmesser. Die Induktionsspulen wollte
Gordon nebeneinander, hintereinander oder gemischt schalten.
Allerdings finden wir in der Gordonschen Beschreibung nicht
das geringste Merkmal, welches es gerechtfertigt erscheinen
liefs, Gordon die Erfindung einer Stromverteilung im heutigen Sinne zuzuschreiben, im Gegenteil, er beweist deutlich,
dafs ihm die fundamentalen Bedingungen einer solchen Stromverteilung nicht bekannt waren, denn er legt das Hauptgewicht in
seiner Patentschrift auf die Hintereinanderschaltung der Induktionsapparate und auf die Erzeugung einer hohen Spannung,

welche zum Betriebe seiner Lampe erforderlich war. Er hält überdies, wie er ausdrücklich hervorhebt, eine Maschine System de
Meritens mit vielen dünndrähtigen Spulen, die zu einzelnen von
einander isolierten Stromkreisen geschaltet sind, für vorteilhafter.

Blicken wir zurück auf die Erfindungen, welche von Faradays
Entdeckung der Induktion bis zum Jahre 1880 auf dem Gebiete
der elektrischen Beleuchtung mit Transformatoren auftauchten,
so finden wir drei charakteristische Merkmale, welche sämtlichen
Systemen der Erfinder bis zum Jahre 1880 anhafteten. Diese drei
Merkmale betreffen die Konstruktion, das Übersetzungsverhältnis
und die Idee der Verwendung der Transformatoren. Wir finden
nämlich bis zu dieser Zeit lediglich Transformatoren mit zwei
oder mehreren Polen in Anwendung gebracht. Ferner war das
Übersetzungsverhältnis stets annähernd 1 : 1, in welchem Falle
die Induktionsapparate keine Transformatoren sind, oder die Übersetzung ging von niedriger Spannung auf hohe Spannung, nirgends
aber finden wir ein Beispiel, daß man von der Dynamomaschine
gelieferte hochgespannte Ströme in Ströme niederer Spannung verwandeln wollte. Endlich war die Idee der Verwendung bei allen
Apparaten lediglich die einer Teilung elektrischer Energie, nie
aber die einer Verteilung. Der Unterschied zwischen Teilung
und Verteilung elektrischer Energie ist im wesentlichen folgender:
Teilung elektrischer Energie nennt man einen solchen Vorgang,
durch welchen eine bestimmte Gesamtenergie in nach Zahl und
Größe vorher bestimmte Teile zerlegt wird, wobei es für die zu
erzielende Gesamtenergie gleichgültig bleibt, ob und wie viele dieser
Teile nützlich verwendet werden. Verteilung elektrischer
Energie dagegen nennt man einen solchen Vorgang, durch welchen
eine dem jeweiligen Bedarfe entsprechende also variable Gesamtenergie in nach Zahl und Größe von dem zeitlichen und lokalen
Bedarfe abhängige, zu einander also in variablem Verhältnisse
stehende Teile zerlegt wird, wobei die zu erzeugende Gesamtenergie nach dem jeweiligen Energieverbrauch reguliert wird
Von dem letzten Zweck finden wir bei der Erfindung der Transformatoren bis zu dieser Zeit keine Spur.

Wenn wir den Ursachen der durch die obigen Merkmale ge-
kennzeichneten Erscheinungen nachgehen, so finden wir die
Konstruktion der Transformatoren mit zwei oder mehreren Polen
darin begründet, daß die Elektriker die fundamentalen Principien,

auf welchen die Konstruktion eines rationellen Transformators beruhen mufs, entweder nicht kannten oder nicht verstanden. Bei ihnen war immer der Pol, welcher einem Drahtsysteme genähert wird, die Idee, die sie zu verwirklichen suchten; sie hatten es übersehen, dafs es nicht der Pol, sondern die Kraftlinien sind, welche in dem Drahte die elektromotorischen Kräfte induzieren. Deshalb waren sie auch in der irrigen Meinung befangen, dafs die Pole an den Transformatoren nicht nur keine nachteilige Wirkung auf den Effekt der Apparate ausüben, sondern im Gegenteil diesen Effekt noch erhöhen.

Wir finden diese Ansicht insbesondere bei Fuller hervortretend. Fuller suchte nämlich einen besonderen Vorteil darin, dafs sein Induktionsapparat nicht nur zwei einfache Pole, sondern Doppelpole hatte und liefs sich, diese Disposition seines Transformators sogar patentieren. Der erste Anspruch seines Patentes lautet nämlich:

. »Der beschriebene Doppelelektromagnet, dessen Hauptspulen in dem Stromkreise der Hauptleitung einer Maschine zur Erzeugung von Wechselströmen, welche in dem erwähnten Elektromagnete Folgepole hervorbringen, eingeschaltet, wie dargestellt, und um diese Pole sind Spulen gewickelt zur Aufnahme der Ströme, die durch den Polenwechsel hervorgebracht werden, wobei die erwähnten Spiralen sich im Lokalstromkreise mit der Lampe befinden.«

Was nun das Übersetzungsverhältnis und die Idee der Verwendung der Transformatoren betrifft, so mufs man sich erinnern, dafs damals das Problem ein anderes war als jetzt. Jetzt dient der Transformator hauptsächlich dazu, die ökonomische Fortleitung des elektrischen Stromes zu ermöglichen, damals war man noch nicht so weit gekommen, elektrische Bogenlampen unabhängig von einander betreiben zu können, und man hielt die Erzeugung von einander unabhängiger Lichtquellen, sei es in Parallelstromkreisen oder in Hintereinanderschaltungen, für unmöglich und suchte daher nach Apparaten, welche es gestatteten, von einer Stromquelle isolierte Ströme abzuleiten, welche nur zur Speisung einzelner Lampen oder Gruppen von Lampen dienen sollten. Der Hauptgrund zu diesen Bestrebungen lag wohl darin, dafs man besonders das Erlöschen sämtlicher Lampen eines Strom-

kreises, was immer durch Fehler einer einzelnen Lampe leicht
eintreten konnte, verhindern wollte.

An Stelle des damals sehr ungewissen und zuckenden Licht-
bogens wollte man einen konstanten Widerstand haben, für
welchen sich der Induktionsapparat vorzüglich zu eignen schien
und wollte deshalb diesen Apparat dazu verwenden, um zu erreichen,
dafs durch die Störung einer Bogenlampe der Hauptstrom nicht
beeinträchtigt werden könne. Dafs man hierbei allerdings vielfach ohne Kenntnis der Induktionsgesetze vorging und sich bezüglich der Unabhängigkeit doch zum Teil übertriebenen Hoffnungen
hingab, mag nur nebenbei erwähnt werden. Es sind auch aufser
den Induktionsapparaten zu dem Zwecke, die Stromkonsumstellen
voneinander unabhängig zu machen, noch andere Apparate benutzt worden. Wir erinnern hier nur an das Patent No. 1638
von Jablochkoff, welches darauf basiert, dafs in die einzelnen
Verzweigungen eines Hauptstromes von schnell wechselnder Richtung, welche Bogenlampen etc. enthielten, Kondensatoren eingeschaltet wurden, ferner an das ganz ähnliche Arrangement unter

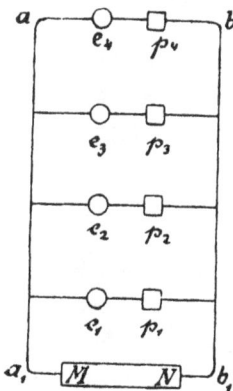 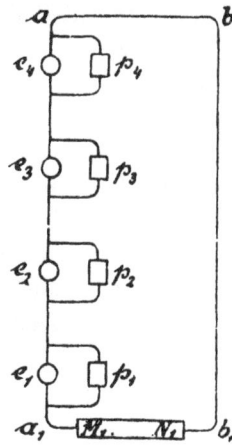

Fig. 16.   Fig. 17.

Benutzung von Polarisationsbatterien von Avenarius [1]) (Fig. 16
und 17), welches sowohl für Nebeneinander- als wie Hintereinanderschaltung angewendet werden sollte.

1) Avenarius, Centralblatt f. Elektrotechnik Bd. 3 S. 323.

Transformatoren in dem heutigen Sinne des Wortes, also solche, welche an der Maschine erzeugte hochgespannte Ströme in solche niederer Spannung wie sie von den eigentlichen Verbrauchsapparaten verlangt werden, verwandeln, gab es damals überhaupt nicht. Vielmehr waren die zu elektrischen Beleuchtungsanlagen benutzten Apparate solche, welche von niederer Spannung auf hohe Spannung transformierten, wie z. B. Ruhmkorff, Jablochkoff, Gordon; oder aber das Übersetzungsverhältnis war 1 : 1 oder ein ähnliches, wie es sich durch die Serienschaltung der Primärspulen und die zum Betriebe der eigentlichen Verbrauchsapparate erforderliche Spannung zufällig ergab, in welch letzterem Falle von einer eigentlichen Transformierung im heutigen Sinne keine Rede sein kann.

Wenn aber in den Beschreibungen von einer hohen Spannung die Rede ist, so ist das so zu verstehen, daſs die hohe Spannung an den Klemmen der Stromerzeugungsmaschine, nicht aber an den Klemmen der primären Wickelung der Transformatoren vorhanden war. Wurden z. B. hundert hintereinander geschaltete Transformatoren betrieben mit einer Klemmenspannung von $1000\,V$, einer Spannung, die man übrigens damals noch gar nicht zu erzeugen verstand, so wäre auf jeden Transformator die bescheidene Spannung von $10\,V$ entfallen. Die hohe Spannung der Stromerzeugungsmaschinen wurde also nur durch die Hintereinanderschaltung der Transformatoren bedingt. Dieses System hatte den offenbar bedeutenden Nachteil, daſs die Leitung in die Kreuz und Quere der Reihe nach durch alle Transformatoren geführt werden muſste, es entsprach also auch hierin den Prinzipien einer rationellen Verteilung ganz und gar nicht.

Mit der Erfindung der Glühlampe wurde aber der Erfinderthätigkeit eine ganz andere Richtung gegeben. Mit den bisherigen Systemen der elektrischen Beleuchtung war man nur so weit gekommen, das elektrische Licht zu teilen [1]), d. h. von einer Maschine eine geringe Anzahl elektrischer Lampen zu betreiben. Wollen wir diese Entwickelung unter Ausscheidung alles nicht in die Praxis Eingedrungenen und des minder Wichtigen kurz charakterisieren, so können wir dieselbe wie folgt zusammenfassen. Gramme fabrizierte die ersten brauchbaren Einzellichtgarnituren, darauf

---

1) Damals ein üblicher und auch sehr charakteristischer Ausdruck.

folgte Jablochkoff als der erste, welcher die Erzeugung hintereinander geschalteter oder mit Vorschaltung von Kondensatoren
nebeneinander geschalteter Lichtbögen praktisch und mit grofsem
Erfolge ausführte. Siemens & Halske ersetzten dann die
Jablochkoff'schen Kerzen durch ihre Differentiallampen, welche
eine weniger gewaltsame Teilung des Lichtes darstellen und die,
in Konstruktion und Ausführung gleich ausgezeichnet, der elektrischen Bogenlichtbeleuchtung die Wege gewiesen haben. Diese
Art der Beleuchtung wurde dann durch Einführung des Gleich-
stromes durch Brush ihrer heutigen Entwickelung nahe gebracht.

Mit der Erfindung der Glühlampe wurden neue für die elektrische Beleuchtungstechnik ganz andere Ziele in den Vordergrund
gestellt. Die Glühlampe besafs nicht jene Unruhe, durch welche
das Bogenlicht den Elektrikern so viel zu schaffen machte. Die
hervorragenden Eigenschaften der Glühlampe luden vielmehr von
selbst ein, ein Problem zu lösen, welches die Gasbeleuchtung
schon vor einem halben Jahrhundert gelöst hatte, nämlich das
Problem der Verteilung des elektrischen Lichtes oder
richtiger des elektrischen Stromes. Hierzu erwiesen sich die bis
dahin bekannten und allgemein angewendeten Schaltungsweisen
nicht mehr ausreichend, und Edison war der erste, welcher
darauf hinwies, dafs die Serienschaltung der Glühlampen die Unabhängigkeit derselben voneinander beeinträchtigt und gleichzeitig auf die Vorteile der Parallelschaltung der Glühlampen hinwies und auf Grund dieser Schaltung mit einem vorzüglich
durchdachten und bis in die kleinsten Details ausgearbeiteten
Stromverteilungssystem an die Öffentlichkeit trat. Hierdurch war
nun einmal der Anstofs gegeben, und von nun an mufsten alle
Erfinder bei der Ausarbeitung ihrer Systeme die Forderung erfüllen,
dafs die einzelnen Konsumstellen von den Variationen, welche in
den Stromkreisen vor sich gehen, unberührt bleiben.

Marcell Deprez hat in einer Arbeit[1] die Gesetze zu-
sammengefafst, welche es ermöglichen, Konsumationsstellen elektrischer Energie voneinander unabhängig zu betreiben, und abgesehen von einigen Ungenauigkeiten, welche Deprez bei dieser
Darstellung untergelaufen sind, hat man diese Regeln fast aus-
schliefslich für die direkte Stromverteilung bei Anwendung von
Glühlampen benutzt.

---

1) Comptes rendues 1881 S. 872.

Allein das System der Stromverteilung für Glühlampen hatte, wie bekannt, den schwerwiegenden Nachteil, daß dasselbe sich nur für eine beschränkte Verwendung eignet, insoferne nämlich, als die Kosten einer Leitung bei gleichem Verlust und gleicher Stromstärke mit dem Quadrat der Entfernung von der Stromquelle zunehmen.

Man war daher gezwungen, nach Mitteln und Wegen zu suchen, um die Fortleitung des Stromes auf größere Entfernungen ökonomisch zu gestalten, ohne dabei jedoch auf diejenigen Vorteile Verzicht zu leisten, welche das alleinig praktische System, nämlich das der Parallelschaltung der Glühlampen, mit sich brachte. Die großen Erfahrungen, welche man in bezug auf ökonomische Fortleitung der hochgespannten Ströme, wie solche bei den Serienbogenlichtleitungen vorkommen, gemacht hatte, wiesen darauf hin, daß man hochgespannte Ströme anwenden und in die sekundären Spulen mittels von diesen Strömen gespeister Induktionsapparate die Konsumstellen in beliebiger Weise schalten könne.

In dieser Richtung ging auch im Jahre 1881 Haitzema Enuma vor und ließ sich ein System, welches die Beleuchtung von Glühlampen unter Benutzung von Transformatoren zum. Gegenstande hatte, patentieren.

Haitzema
Enuma 1881.

Dasselbe verfolgte den Zweck, die einzelnen sekundären Stromkreise, sowie die einzelnen Konsumstellen voneinander unabhängig zu machen. Allein die Mittel, welche er zu diesem Zwecke anzuwenden gedachte, waren überaus unpraktisch und unterschieden sich dem Wesen nach in nichts von denjenigen seiner Vorgänger. Sein System ist nämlich dadurch gekennzeichnet, daß es ebenfalls die Induktionsrollen in die Hauptleitung einschaltet, d. h. in Serie, und die in den Sekundärrollen erregten Ströme entweder direkt verwendet oder zum Erregen weiterer Induktionsrollen anwendet, aus welchen tertiäre Ströme kommen, welche dann quaternäre Ströme erregen etc. Dies Verfahren steht wohl auf gleicher Stufe mit der berühmten dynamo-elektrischen Kette von Siemens & Halske, bezüglich deren sich auch jedermann gefragt hat »wozu?«

Die Charakteristik des Systems von Haitzema Enuma ergibt sich aus den folgenden Sätzen der Patentschrift:

23

»Solche (nämlich die bekannten) Induktionsrollen werden in den Hauptstromkeis überall eingeschaltet, wo der Strom ab - gezweigt(!) werden soll; und durch diese Einrichtung erhält zuletzt jede elektrische Lampe, oder jeder durch Elektrizität in Betrieb gesetzte Apparat seinen eigenen Strom.«

Haitzema Enuma hat hierbei die Hintereinanderschaltung der Induktionsrollen in primären, sekundären, tertiären etc. Serien beabsichtigt, was ganz zweifellos auch daraus hervorgeht, daſs er den Hauptdraht in einem geschlossenen Kreise führt und dessen Enden zur Schlieſsung des Stromes zur Erde ableiten will und

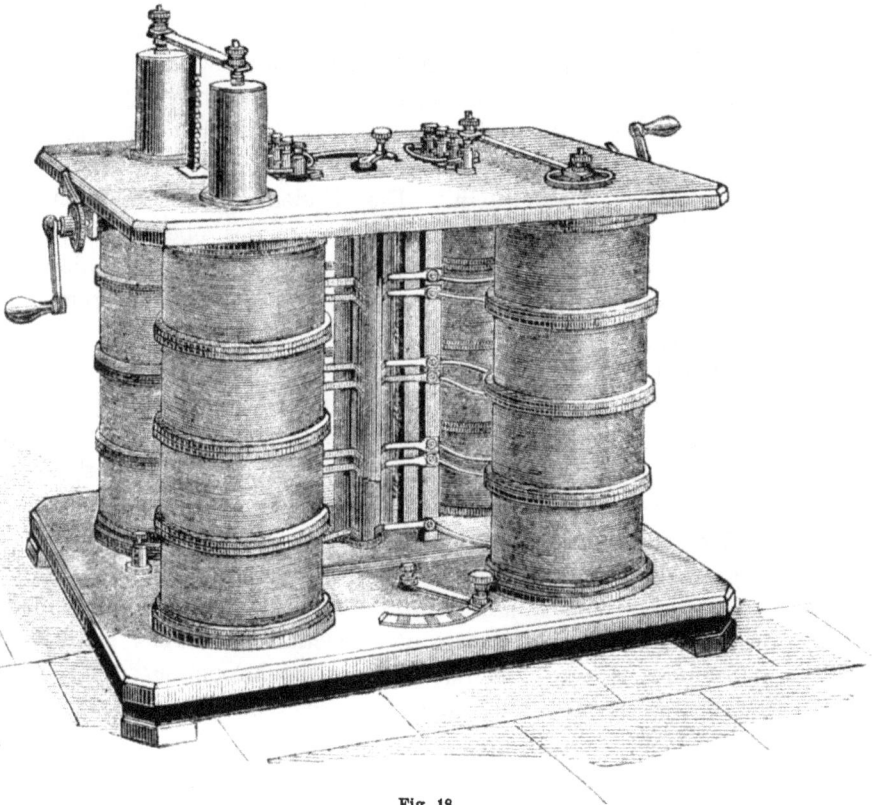

Fig. 18.

ebenso auch die beiden Enden der Drähte, durch welche die sekundären, die tertiären und die weiteren Induktionsströme gehen, entweder miteinander verbinden oder die Schlieſsung dieser Stromkreise mittels Erdverbindung bewirken will.

Die Ersten, welche mit einer industriellen Anwendung des
Serien-Systems vor die Öffentlichkeit traten, waren Gaulard &
Gibbs, welche im Jahre 1883 im Royal Aquarium in London
eine elektrische Beleuchtungsanlage öffentlich vorführten.

Es waren daselbst zwei Apparate von der in Fig. 18 dargestellten Form vorhanden, welche hintereinander geschaltet waren
und von einer Siemens'schen Wechselstrom-
maschine mit 13 A erregt wurden. Die
Einrichtung der Apparate war folgende:
Die Induktionsrollen, welche in Fig. 19 im
Querschnitt dargestellt sind, haben drei Lagen
primären Draht und der sekundäre Draht
ist in vier Abteilungen aufgewickelt, deren
Enden an einem Kommutator befestigt sind.
Dieser Kommutator ist, wie Fig. 20 zeigt,
in der Mitte von vier Induktionsrollen
aufgestellt. Die Enden der sekundären

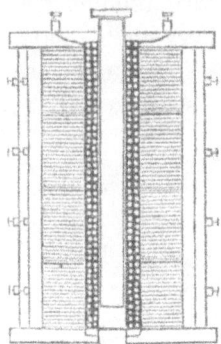

Fig 19.

Drähte sind an acht auf der oberen Platte
des Apparates befestigten Klemmschrauben befestigt. Von hier
lassen sich die erzeugten Ströme nun einzeln oder beliebig kombiniert ableiten. Mit Hilfe des Kommutators kann die Zahl der
eingeschalteten Kolonnen beliebig geändert werden. Auf der
untern Platte befindet sich ein zweiter Kommutator, welcher für
den primären Stromkreis denselben Dienst versieht.

Die Kerne des Apparates bestanden aus voneinander isolierten
Eisenstäben und konnten durch eine Zahnstange aus den Spulen
behufs Regulierung des Stromes herausgezogen werden, beides
seit langer Zeit bekannte Einrichtungen.

Noch in demselben Jahre wurde eine andere Installation in
Angriff genommen und ausgeführt, welche den Zweck hatte,
einige Stationen der Metropolitan Railway zu beleuchten.

Der Stromerzeuger war eine Siemens'sche Wechselstrommaschine Modell W_0, die durch eine Gleichstrommaschine magnetisiert wurde. Man schätzte die Spannung auf 1500 V, die Stromstärke betrug 11,3 A. Die Hauptleitung, welche die hintereinander-
geschalteten Transformatoren verband, bestand aus 7 Drähten von
1,5 mm Durchmesser und besaß eine Länge von 22,9 km und
einen Widerstand von 30 Ω. Dieselbe speiste drei Stationen. In
Edgeware Road speisten 12 Kolonnen, deren Secundär-Spulen

parallel geschaltet waren, 30 Glühlampen, 4 hintereinanderge-
schaltete speisten 2 Jablochkoff'sche Kerzen. In Aldgate speisten
2 Kolonnen eine Bogenlampe, 12 weitere 35 Glühlampen von

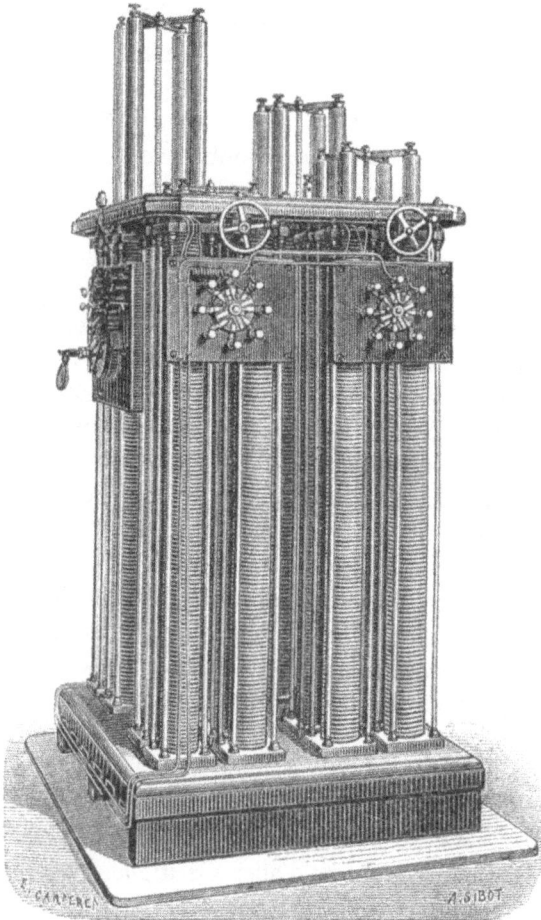

Fig. 20.

20 NK. und 3 von 40 NK. In Notting Hill Gate waren 22 Glühlampen und eine Bogenlampe in Betrieb. Bei dieser Einrichtung
gelangten Transformatoren zur Verwendung, deren Bewickelung
in einer etwas anderen Weise hergestellt worden war.

Auf einem Pappe- oder Holzcylinder von etwa 50 cm Höhe
ist ein Kabel in Windungen und Lagen aufgewickelt. Die Seele

desselben besteht aus einem 4 mm starken Kupferdraht, stark isoliert mit paraffinierter Baumwolle. Parallel zur Axe dieses Drahtes liegen rund um denselben herum 6 Kabel oder Litzen aus je 12 voneinander durch paraffinierte Baumwolle isolierten Drähten (Fig. 21). Der erste Draht von 4 mm, welcher den Induktor bildet, wird von dem primären Strom einer Dynamomaschine durchflossen und die Enden der 6 Kabel von je 12 Drähten, welche das induzierte System bilden, sind an einen Kommutator befestigt, so daſs man dieselben sowohl parallel, wie hintereinander schalten kann.

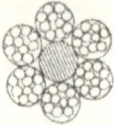

Fig 21.

Sowohl die Apparate, welche die Herren Gaulard & Gibbs bei diesen Versuchen benutzten, als auch die Schaltungsweise dieser Apparate selbst unterschied sich in nichts von den Dispositionen ihrer Vorgänger. Auch sie benutzten bei diesen Versuchen bipolare Induktionsapparate. Der Nutzeffekt solcher Apparate kann aber nur ein verhältnismäſsig geringer sein, denn dadurch, daſs die magnetischen Kraftlinien den gröſsten Teil ihres Weges in der Luft statt im Eisen zurückzulegen haben, wird die Magnetisierung und damit die Induktionswirkung bedeutend geschwächt. Anderseits hatten diese Apparate ebenfalls ein Umsetzungsverhältnis von 1 : 1 und muſsten demnach geradeso wie die Induktionsapparate aller ihrer Vorgänger in den primären Stromkreis der Maschine hintereinander geschaltet werden, um die Anwendung hochgespannter Ströme zu ermöglichen.

Allerdings haben die Herren Gaulard & Gibbs seiner Zeit gewisse Dinge als neu und ihre Erfindung prätendiert, nämlich die Anordnung von einzelnen abgeteilten Induktionsrollen, die Nebeneinanderstellung der Kolonnen sowie die parallele Aufwickelung der Drähte. Diese Ansprüche sind aber allseitig als ganz unberechtigt zurückgewiesen. Die Anwendung mehrerer Spulen ist nun schon in dem Patent vom 21. Oktober 1852 von den Gebrüdern Bright angegeben und dann von Poggendorf, Ruhmkorff, Foucault und andern wieder erfunden worden. Das Nebeneinanderstellen der Kolonnen ist, wie wir auf Seite 9 nachgewiesen haben, ebenfalls von den gleichen Erfindern 30 Jahre vorher angegeben und die symmetrische Anordnung der beiden Wickelungen, der primären und der sekundären, hat schon Strumbo angewandt (vgl. S. 13).

Wenn aber trotz alledem neuerdings der Herr J. Kenneth
D. Mackenzie[1]) behauptet, der Fuller'sche Transformator sei
ein polloser gewesen, ferner, dafs den Herren Gaulard & Gibbs
folgende Verbesserungen zugeschrieben werden müfsten:

1. Die Reduktion des Widerstandes des primären und sekundären Drahts auf ein Minimum;
2. Die Erzielung eines möglichst grofsen Induktionskoeffizienten
   bei möglichst kleinen Dimensionen im Gewicht des Apparates;
3. die symmetrische Anordnung beider Stromkreise;
4. die Proportionierung der beiden Stromkreise derart, dafs
   die metallische Masse in beiden gleich ist,

so mufs man entweder annehmen, dafs dieser Herr die
Sache nicht versteht oder nicht verstehen will. Denn, wenn
es Gaulard auch gelungen ist, mit seinen bipolaren Transformatoren die unter 1 und 2 aufgeführten Vorteile zu erzielen, so
lassen sich dieselben bei Verwendung von pollosen Transformatoren
in ganz unverhältnismäfsig höherem Mafse erzielen, auf welchen
Umstand u. a. auch Prof. Ferraris[2]) hingewiesen hat.

Was die Punkte 3 und 4 anbetrifft, so lassen sich die dort
erwähnten Verbesserungen an den bipolaren Transformatoren nur
durch schwierige und überdies nach anderen Richtungen unvor-
teilhafte Anordnungen, z. B. Vereinigung des primären und sekundären Drahts in einen gemeinschaftlichen Kabel oder aber bei
dem Scheibentransformator durch Übereinanderschieben der beiden
Scheiben, erzielen, während sie in dem pollosen Transformator
schon von vornherein vorhanden sind.

Der Fuller-Transformator war endlich ebensowenig pollos als
zwei zu einer geschlossenen Figur vereinigte Hufeisenmagnete,
welche mit gleichnamigen Polen zusammengelegt sind.

Bei allen diesen Systemen, bei welchen die Induktionsapparate
hintereinandergeschaltet waren, mufste, um überhaupt die Mög-
lichkeit einer Konstanz in der Funktion derselben zu schaffen,
die Intensität des Stromes im primären Stromkreise konstant
erhalten werden.

Damit war aber die Konstanz selbst noch nicht erzielt, sondern
nur eine Ursache von Schwankungen beseitigt. Eine zweite

---

[1]) The electrical Engineer 1888 Febr. 17.
[2]) La Lumière électrique 1885 Fol. XVII p. 145—148.

Ursache von Schwankungen der Spannung an den Klemmen
der Sekundärspule bleibt nach wie vor bestehen. Diese Ursache
besteht in dem Spannungsverlust durch Widerstand und Selbst-
induktion, welche mit der Belastung zunimmt. Die Spannung
der sekundären und auch der primären Spule wird also um
so mehr zunehmen, je weniger Strom derselben entnommen wird.
Wird gar kein Strom entnommen, so muſs die Spannung an den
Klemmen, den primären wie den sekundären Klemmen, ein Maximum
sein. Wir haben daher das Miſsverhältnis, daſs, je weniger der
Apparat leistet, desto mehr Arbeit er konsumiert. Bei unter-
brochenem sekundären Stromkreise konnte die Spannung und
damit bei konstanter Erregungsstromstärke auch der Arbeitsver-
brauch etwa das zehnfache desjenigen betragen, welcher bei vollem
Betriebe herrscht.

Die Nachteile dieses Systems liegen auf der Hand. Denn
abgesehen von den Kraftverlusten, welche durch das Miſsverhältnis
zwischen erzeugter und konsumierter Arbeit entstehen, hatte auch
jede Änderung in dem Betriebe des Sekundärstromkreises einen
groſsen Einfluſs auf den gemeinsamen Primärstromkreis und somit
wiederum auf die andern Sekundärstromkreise.

Sämtliche bisher beschriebenen Transformatorensysteme beab-
sichtigen also, wie wir sehen, eine Teilung des Stromes. Dem-
entsprechend finden wir überall die Hintereinanderschaltung her-
vorgehoben. Bei dieser Einrichtung muſsten . nun die Erfinder
trachten, in dem geschlossenen primären Hauptdraht eine unver-
änderliche Stromintensität zu erhalten, damit die Funktion der
Lampen und Apparate ebenfalls konstant bleibt. Deswegen muſste
man stets ganze Induktionsrollen auf einmal ausschalten, d. h.
man konnte nicht einen Teil der von ihnen betriebenen Apparate
ausschalten, sondern war gezwungen, den Induktionsapparat entweder voll zu belasten oder ihn ganz auszuschalten. Andernfalls
hätte beim Ausschalten eines Teiles der von einem Induktionsapparat gespeisten Apparate, die Spannung in gefährlicher Weise
zunehmen müssen. Eine Regulierung des Stromverbrauchs und
eine gleichmäſsige Funktion der Lampen oder sonstiger Apparate,
bei veränderlicher Anzahl, war bei einer solchen Anordnung entweder nicht möglich oder nur teilweise, und zwar mit unverläſs-
lichen und unvollkommenen mechanischen Mitteln, erreichbar.
Daher war es auch auf diesem Wege niemandem gelungen, eine

rationelle Stromverteilung mit Induktionsrollen in der Weise durchzuführen, wie es der vermehrte Bedarf an elektrischem Strom, welchen eine Zentralstation zu liefern hat, erfordert.

Der Erste, welcher auf die Nachteile der Hintereinanderschaltung hinwies, war Rankin Kennedy, der sich eingehend mit dem Studium der Induktionsapparate beschäftigte und in einem Artikel, welcher am 9. Juni 1883 in »Electrical Review« erschienen ist, auf jene Nachteile hinwies, welche die Hintereinanderschaltung von Transformatoren mit sich bringt. Am Schlusse dieses Artikels finden wir die interessante Bemerkung, daſs die Transformatoren, wenn dieselben nicht, wie bis dahin üblich, hintereinandergeschaltet, sondern nebeneinandergeschaltet vom primären Stromkreise abgezweigt werden, ein selbstregulierendes Stromverteilungssystem bilden. R. Kennedy drückt dies mit folgenden Worten aus: »In parallel arc however, the secondary generator is a beautiful self-governing system of distribution.« Wenngleich der Artikel Kennedys den Beweis liefert, daſs der Verfasser zu jener Zeit ein nur geringes physikalisches Verständnis besaſs, denn er behauptet z. B., daſs das Einführen von induzierten elektromotorischen Gegenkräften in den Stromkreis einer Wechselstrommaschine eine Regulierung ohne Effektverlust ermöglicht, so kann man zugestehen, daſs er mit jenen Worten eines jener Elemente erwähnt hatte, welche in einem wirklich rationellen Stromverteilungssysteme mit Benutzung von Transformatoren vorhanden sein müssen. Kennedy kannte jedoch zu jener Zeit noch nicht jene Eigenschaften der Transformatoren, welche dieselben für eine solche Schaltungsweise geeignet machen, und es waren ihm auch alle übrigen Eigenschaften unbekannt, welche bei der Parallelschaltung von Transformatoren dieses Stromverteilungssystem zu einem wirklich selbstregulierenden gestalten. Am allerwenigsten aber dachte er an den Transformator in dem heutigen Sinne, d. h. an einen Induktionsapparat, der hochgespannte Ströme in niedriggespannte umsetzt. Letzteres geht ganz bestimmt hervor aus dem Schluſs des oben citierten Satzes, welcher lautet: »but what about the size of conductors for such a system? Prodigious!« Kennedy dachte sich augenscheinlich, die Parallelschaltung der Transformatoren müsse die Selbstregulierung ebenso ermöglichen, wie die einfache, resp. direkte Parallelschaltung der Stromkonsumstellen resp. Glühlampen. Indem er sich aber gleich-

zeitig vergegenwärtigte, dafs in anbetracht des geringen Widerstandes der einzelnen Spulen der Widerstand des Leitungsnetzes
ein ganz verschwindender sein müsse, erkannte er, dafs die Parallelschaltung solcher Induktionsapparate, wie er sie im Sinne hatte,
praktisch unausführbar ist.

Die Auffassung von den Ideen Kennedy's, welche wir
hier ausgesprochen haben, findet ihre direkte Bestätigung durch
den Leitartikel, welchen »Electrical Review« dieser Nummer vom
9. Juni 1883 voranstellt. Am Schlusse desselben heifst es nämlich: »That Mr. Kennedy's apparatus is an »induction coil
pure and simple« Messrs. Gaulard & Gibbs will scarcely
deny, nor can they deny that the action of this particular con-
struction of the coil is identical with that of his.« Es ist in
diesem Satze ausdrücklich erklärt, dafs die Konstruktion des
Induktionsapparates von Kennedy identisch ist mit jener von
Gaulard & Gibbs. Kennedy hat diese Erklärung stillschwei-
gend acceptiert, sonst würde er in seinen nächsten Publikationen
gegen eine solche Auffassung protestiert haben.

Um die Parallelschaltung von Transformatoren, deren Vor-
teile Kennedy, man kann wohl immer sagen, geahnt hatte, zu
ermöglichen, fehlte noch sehr vieles. Es fehlte vor allem die
Idee des Transformators im heutigen Sinne und die genauere
Kenntnis der Wirkungsweise der Transformatoren überhaupt.
Sehr treffend hat sich F. Geraldy über diesen Punkt in der
Einleitung zu seinem Berichte [1] über die Versuche mit dem System
von Gaulard & Gibbs ausgesprochen: »La distribution de
l'électricité comporte la solution d'un grand nombre de problèmes.
Il ne suffit pas de se décider en principe et lorsqu'on a choisi
la distribution en quantité (en supposant même, que l'un des
procédés puisse être appliqué d'une façon exclusive, ce qui n'est
pas certain), lorsqu'on a trouvé le moyen de régler le générateur
et les recepteurs conformément au mode choisi, il reste encore
à lever quantité de difficultés, a créer et disposer beaucoup d'or-
ganes auxiliaires.« Geraldy erklärt also ausdrücklich, dafs es
nicht genügt, sich über die Art der Schaltung zu entscheiden.
Es sind dann noch immer eine ziemliche Anzahl von Schwierigkeiten zu beheben, und noch manche Hilfsmittel zu finden, bis
man wirklich das vorgesteckte Ziel erreicht hat.

---

[1] La Lumière électrique 1883 Bd. X pag. 496.

Es hat aber viel Lehrgeld gekostet, bis man diejenigen Eigenschaften erkannt hat, vermöge deren sich selbstregulierende Transformatoren herstellen lassen. So finden wir die Herren Gaulard & Gibbs selbst im Jahre 1884 auf demselben falschen Weg wie früher. Es war auf der Turiner Ausstellung, wo die Herren Gaulard & Gibbs ihr System in grofsem Mafsstabe vorführten und wo es ihnen wirklich gelang, das Interesse der Fachkreise zu gewinnen und rege zu halten.

Die Transformatoren, welche die Herren Gaulard & Gibbs in Turin vorführten, waren die durch das deutsche Reichspatent No. 28947 geschützten. Diese Transformatoren waren nun wiederum solche, bei welchen die Windungszahl der primären und sekundären Spiralen untereinander ganz gleich waren. Die Konstruktion der Induktionsapparate bedingt also, wie schon wiederholt auseinandergesetzt, die Hintereinanderschaltung derselben, weil nur auf diese Art mit diesen Apparaten ein hochgespannter Strom ausgenutzt werden konnte. Es erfolgte also bei dieser Verwendungsart die Umwandlung der hohen Primärspannung in niedrige Sekundärspannung nicht durch das Verhältnis der Windungszahlen in den Transformatoren, sondern gewissermafsen durch Unterteilung der Spannung.

Die spezielle Konstruktion der Transformatoren, welche in Turin angewandt wurden, wich insoferne von den älteren Apparaten ab, als beide Bewickelungen durch ausgestanzte ringförmige Kupferscheiben hergestellt wurden, welche mittels der vorspringenden Zähne aneinandergelötet waren. Die Isolation wurde durch ausgestanzte Pappescheiben hergestellt. Beide Spiralen, primäre und sekundäre, waren durcheinander aufgewickelt. Der Aufbau einer solchen Kolonne (Fig. 22a) ist daher folgender: Erst kommt eine rote Kupferscheibe, dann Isolation, hierauf schwarze Kupferscheibe, Isolation, rote Kupferscheibe u. s. f. Die gleichfarbigen Kupferscheiben werden dann mit Hilfe der vorspringenden Zähne zusammengelötet. Es entstehen daher auf diese Weise zwei miteinander parallellaufende Spiralen. Da die Bleche ziemlich breit sind, so füllen sie den ganzen Wickelungsraum aus; man hat daher nur eine Lage. Die Anwendung der Bleche hat einige Vorteile, nämlich gute Raumausnutzung und leichte Abkühlung durch die vorspringenden Zähne. Sie hat aber auch Nachteile, wovon der wichtigste der ist, dafs die Wickelung blank zu Tage tritt, wodurch leicht Isolationsfehler entstehen können. In der That sollen auch bei den Turiner Versuchen mehrere Apparate durch Isolationsfehler zerstört worden sein. Mit Hilfe der so beschaffenen Apparate wurden neue Versuche vorgeführt. Während fünf aufeinander folgenden Stunden wurden die Bahnhöfe zu Turin, Venaria und Lanzo, welche durch einen etwa 80 km langen Stromkreis von 3,7 mm starkem Chrombronze-

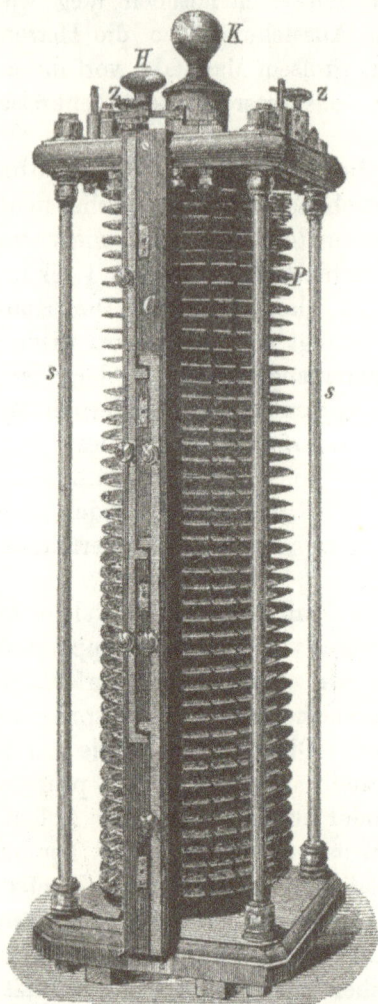

Fig. 22a.

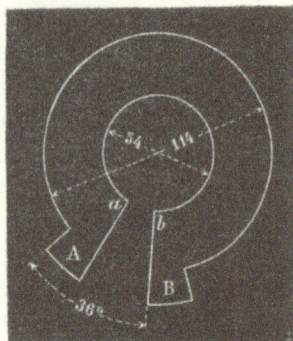

Fig 22

draht verbunden waren, beleuchtet und zwar Turin mit 34 Edisonlampen von 16 NK., 48 Lampen von 8 NK. und einer Siemens'schen Bogenlampe, Lanzo mit 9 Bernsteinlampen, 16 Swanlampen, einer Sonnenlampe und 2 Siemenslampen, Venaria mit 2 Bogenlampen. Auf der Ausstellung selbst brannten 9 Bernstein- und 9 Swanlampen, eine Sonnenlampe und im Figarokiosk 9 Swanlampen, welche von einem kleinen Transformator gespeist wurden.

Wie bereits erwähnt, hatten die Turiner Versuche der Herren Gaulard & Gibbs in den weitesten Kreisen die lebhafteste

Aufmerksamkeit erregt und infolge des regen Interesses, welches man den Versuchen entgegenbrachte, waren auch die Mängel dieses Systems bekannt geworden, und so finden wir in der einschlägigen Litteratur dieser Zeit bereits sehr gewichtige Stimmen, welche gegen dieses System laut wurden, und auf die Nachteile desselben hinwiesen.

Unter andern hatte Professor Colombo während der Turiner Landesausstellung einen Vortrag über das System von Gaulard & Gibbs gehalten, in welchem er zwar den Vorzügen desselben alle Anerkennung zollte, gleichzeitig jedoch darauf hinwies, daſs dieses System wohl das Problem der billigen Fortleitung des elektrischen Stromes auf groſse Entfernungen löst, aber keineswegs das ist, als was es sich ausgibt und was auch eigentlich seine Bestimmung sein sollte, nämlich ein Stromverteilungssystem, welches gestattet, von einer weit entfernten Centrale aus den elektrischen Strom an andere Konsumenten zu beliebiger Benutzung zuzuführen, ohne daſs sich dieselben gegenseitig beeinflussen. Er charakterisierte diese Nachteile scharf und treffend durch die Bemerkung, daſs bei dem Gaulard·System jeder Konsument eigentlich den Strom aus seinem Transformator schöpft und nicht aus einem allgemeinen Leitungsnetz, welches immer — wie bei jeder gröſseren direkten Stromerzeugung — selbst reguliert wird. Professor Colombo begnügte sich nicht mit dem Hinweis auf die Nachteile selbst, er deutet auch an, was eigentlich bei diesem System angestrebt werden müsse. Er sagt nämlich [1]), daſs das Ideal einer Stromleitung jenes wäre, welches die Vorteile der Edison'schen Zentralstationen mit denen des Systems von Gaulard & Gibbs vereinigt.

Auf diese Andeutungen hat sich Professor Colombo allerdings beschränkt, und er muſste offen gestehen, daſs die Mittel, welche zur Erreichung dieses Zweckes führen, noch aufzufinden wären.

Der Reproduktion dieser Vorlesung von Professor Colombo in »La Lumière électrique« (Bd. XIV S. 45) ist ein Artikel des Herrn Deprez vorangestellt, in welchem das System von Gaulard & Gibbs stark kritisiert wurde. Deprez weist nach, daſs das System in keiner Weise auf Neuheit Anspruch machen

---

[1]) La Lumière électrique Bd. XIV pag. 45.

könne. Er weist auch auf die Mängel des Systems, besonders das Fehlen der selbstthätigen Regulierung hin und erklärt, daſs jene Mittel noch entdeckt werden müſsten, welche die selbstthätige Regulierung in einem Stromverteilungssystem mit Transformatoren ermöglichen, daſs das Gaulard'sche Stromverteilungssystem dieses Problem der Regulierung nicht gelöst habe, und deshalb auch als ein praktisch brauchbares nicht betrachtet werden könnte.

Die gleiche Ansicht finden wir auch in einem Artikel von H. Roux[1]) vertreten. Der Genannte weist auf die enormen Schwankungen hin, welche eintreten, wenn man die äuſsere Schlieſsung der Transformatoren verändert. Von dem Zahlenmaterial, welches derselbe als Beleg für seine Behauptung anführt, wollen wir nur eine von Herrn Pietro Uzel in Turin[2]) ausgeführte Beobachtungsweise reproduzieren.

	Primäre Kreise			Äuſserer Widerstand des sekundären Kreises	Sekundärer Kreis			Güteverhältnis
Nr.	Δ	l	$l\,\Delta$	W	Δ	l	$l\,\Delta$	
1	23,4	12,13	283,84	1,24	15,0	12,02	180,30	63,52
2	31,4	12,13	380,88	2,00	24,0	12,00	288,00	75,62
3	53,0	12,13	642,89	3,80	45,0	11,83	532,35	82,81
4	70,0	12,13	849,10	5,50	65,0	11,75	762,45	89,80
5	93,0	12,13	1128,09	7,53	87,0	11,58	1007,46	89,31
6	107,0	12,13	1297,91	9,00	102,0	11,31	1153,62	88,88
7	126,0	12,13	1518,38	10,60	119,0	11,13	1324,77	86,66
8	145,0	12,13	1758,85	12,60	138,0	10,95	1511,10	85,35
9	159,0	12,13	1928,67	14,15	156,0	10,76	1678,66	87,03

Die Beobachtungen sind nur soweit fortgesetzt, als der Nutzeffekt $l\,\Delta$ noch ansteigt, würde man denselben weiter fortgesetzt haben, so würde sich die erschreckliche Thatsache herausgestellt haben, daſs der verbrauchte Effekt noch immer mehr zunimmt, während sich der Nutzeffekt der Null nähert.

---

1) Électricien 7. März 1885.
2) Natura (25 gennaio 1885 p. 60)

Angesichts dieser Variationen sieht man nicht, wie Herr Roux mit Recht sagt, wie sich eine elektrische Stromverteilung mit diesem System in nutzbringender Weise herstellen läfst. In seiner Antwort auf diesen Artikel hat Herr Gaulard selbst das Thatsächliche eingestanden, aber hinzugefügt, man könne jene Schwankungen beseitigen, indem man mit der Hand oder automatisch den Eisenkern der Transformatoren entsprechend verstellt. Beides würde aber kostspielig sein, und die automatische Regelung aufserdem sehr unzuverlässig.

Es wurde somit von allen Fachleuten, sei es direkt oder indirekt, bekundet, dafs dieses System wohl eine Theilung des Stromes, aber durchaus keine Stromverteilung ermöglicht.

Ehe wir in der geschichtlichen Entwickelung fortfahren, wollen wir uns jetzt mit der Frage beschäftigen, welchen Bedingungen ein praktisches und rationelles Stromverteilungssystem durch Transformatoren zu entsprechen hat.

Wie wir schon an einer andern Stelle auseinandergesetzt haben, eignet sich für eine Stromverteilung lediglich die Parallelschaltung, d. h. eine solche Stromverteilung, bei welcher die Spannung konstant erhalten wird. Deprez hat seiner Zeit behauptet, dafs die Spannung an den Klemmen der Stromerzeugung konstant gehalten werden müsse. Will man die Verteilung so einrichten, so mufs man den Widerstand des Leitungsnetzes sehr klein machen, damit bei voller Beleuchtung nur ein ganz geringer Spannungsverlust stattfindet. Bei dem indirekten Stromverteilungssystem wird man daher die Spannung an den sekundären Klemmen des Transformators konstant erhalten müssen.

Es fragt sich nun, in welcher Weise sich die Primärspannung ändern mufs, damit dies stattfindet. Betrachtet man zunächst einen Eisenkern, der von zwei an verschiedenen Stellen befindlichen Drahtringen umgeben ist. Dieser Eisenkern mag durch einen demselben axial genäherten Stabmagneten magnetisiert sein und letztere dann schnell entfernt werden. In diesem Augenblicke wird in beiden Windungen eine elektromotorische Kraft erzeugt werden, welche proportional ist der Anzahl der verschwindenden Kraftlinien. Diese Zahl ist nun infolge der sog. Streuung sehr verschieden an den einzelnen Stellen des Stabes. Es würden also auch die in den Windungen inducierten elektromotorischen Kräfte verschieden sein Nur in dem Fall kann die so wichtige Gleichheit der elektromotorischen Kräfte erzielt werden, wenn die Windungen magnetisch gleichliegend sind. Sind aber die Windungen geschlossen und wird in die eine ein Wechselstrom gesendet und die andere durch einen entsprechenden Nutzwiderstand geschlossen, so wird noch außerdem die Bedingung zu erfüllen sein, daß der innere Widerstand praktisch gleich Null ist, d. h. man muß die Klemmenspannung gleich der elektromotorischen Kraft setzen können.

Es ist nun zu untersuchen, inwieweit bei den bisher betrachteten Transformatorkonstruktionen diesen beiden Anforderungen entsprochen ist. Ein Transformator, der magnetisch gleichliegende Windungen besitzt, kann wohl auch bipolar sein. Man braucht dann nur die Windungen nebeneinander aufzuwickeln, was am einfachsten bei einem Transformator mit dem Übersetzungsverhältnis 1 : 1 zu bewerkstelligen ist. Diese Regel wurde zuerst von Maxwell aufgestellt. Schon der Apparat von Strumbo weist eine so ausgeführte Bewickelung auf.

Man sieht also, daß von den bipolaren Transformatoren sich jener mit Rücksicht auf die Konstanterhaltung der sekundären Spannung am besten eignen wird, welcher mit Rücksicht auf sein Übersetzungsverhältnis, nämlich 1 : 1 dazu gänzlich unbrauchbar, sondern auf die Hintereinanderschaltung geradezu angewiesen ist. Die Parallelschaltung eigentlicher Transformatoren läßt sich daher nur ausführen mit solchen Apparaten, welche trotz der Übersetzung magnetisch gleichliegende Bewickelungen besitzen. Letzteres läßt sich aber nur bei pollosen Transformatoren durchführen. Solche besitzen überdies einen so starken Magnetismus, daß auch der Bedingung, daß der innere Widerstand relativ sehr klein sein soll, Genüge geleistet werden kann.

Für ein selbstregulierendes und ökonomisches Stromverteilungssystem mit Transformatoren ergeben sich daher nach den vorhergegangenen Auseinandersetzungen nachfolgende Bedingungen:

1. Der Stromerzeuger muß von den Klemmen der Transformatoren eine hohe von der Anzahl der gespeisten Transformatoren unabhängige möglichst konstante Spannung erzeugen.

2. Die Transformatoren müssen den hochgespannten Strom in einen solchen von der gewünschten Spannung transformieren. Damit

alle primären und sekundären Windungen
magnetisch gleichliegend sind, damit ferner
der innere Widerstand sowohl der primären
wie der sekundären Windungen so klein ist,
dafs er praktisch einen Spannungsverlust nicht
zur Folge hat, müssen die Transformatoren
mit geschlossenen magnetischen Stromkreisen
d. h. pollos konstruiert sein.

Bei Erfüllung dieser beiden Bedingungen ist es möglich,
durch die Konstanterhaltung der Primärspannung, gleichgiltig ob
dieselbe automatisch oder von der Hand reguliert wird, gleichzeitig auch die Sekundärspannung konstant zu erhalten. Dem-
entsprechend müfsten auch die Transformatoren zu Verteilungs-
stationen zweiter Ordnung ausgebildet und parallel von den Haupt-
leitungen abgezweigt werden.

Im Mai 1885 wurde ein Stromverteilungssystem mit Trans- Zipernowsk
Déri, Bláth
1885.
formatoren öffentlich vorgeführt, welches alle vorher besprochenen
Erfordernisse besafs und ein wirklich selbstregulierendes Stromverteilungssystem repräsentiert. Es war dies das System Zipernowsky, Déri, Bláthy.

Die beiden ersten hierauf bezüglichen Patente datieren vom
18. Februar 1885 und sind betitelt: Nr. 34649 Carl Zipernowsky und Max Déri in Budapest, Neuerungen in den
Mitteln zur Regulierung von elektrischen Wechselströmen; Nr. 33951
Max Déri in Wien, Neuerungen in der Verteilung von Elektrizität. Das dritte Patent endlich datiert vom 6. März 1885 ab
und ist betitelt: Nr. 40414 Carl Zipernowsky, Max Déri
und Otto Titus Bláthy in Budapest, Neuerungen an Induktionsapparaten, um elektrische Ströme zu transformieren.

Das in diesen drei Patenten niedergelegte System gelangte
sofort in den drei Ausstellungen zu Budapest, Antwerpen und
London (Inventions Exhibition) zur öffentlichen Vorführung und
erregte das allgemeine und gerechte Aufsehen der weitesten Fachkreise.

In der Patentschrift sowie in den ersten darauf bezug hat-
benden Publikationen [1]) werden zwei besondere Arten von Trans-
formatorformen beschrieben, nämlich solche, bei welchen ein

---

1) Elektricitätsverteilung aus Centralstationen, System Zipernowsky-Déri,
Centralbl. f. Elektrotechnik Bd. VII S. 422.

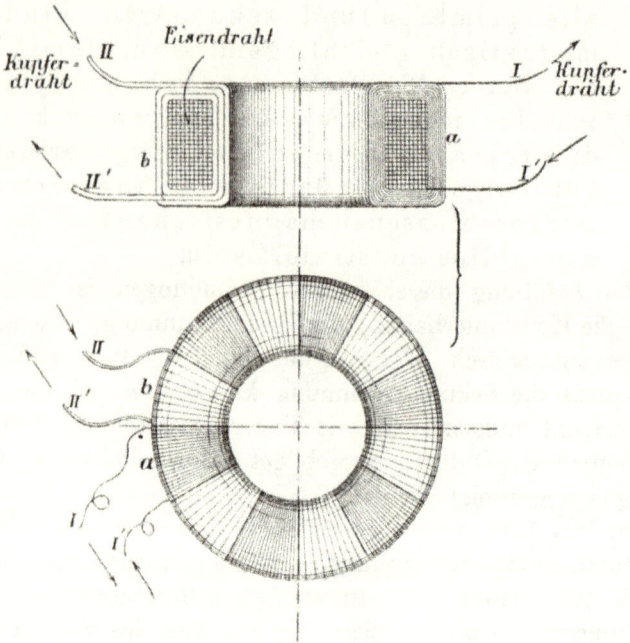

Fig. 23.

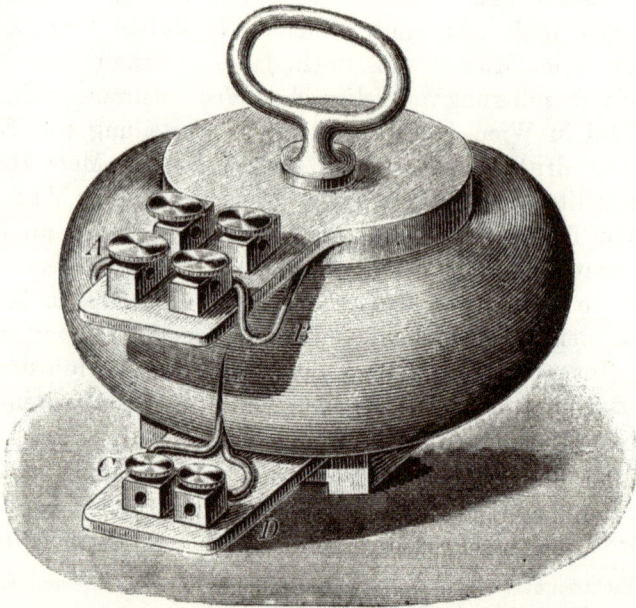

Fig. 24.

Eisenkern von Kupferdrähten umgeben ist und solche, bei welchen
die Kupferwickelungen von Eisendrähten umgeben sind. Zu der

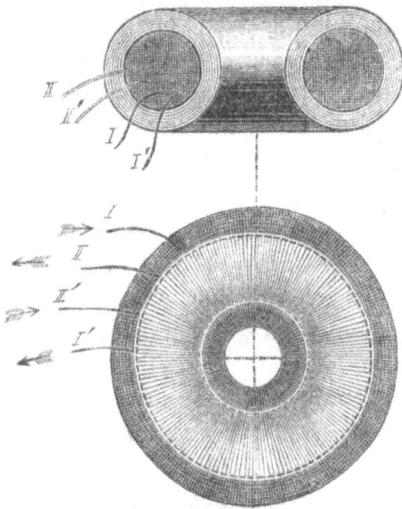

Fig. 25.

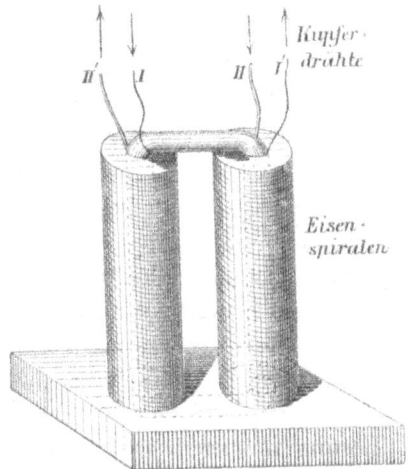

Fig. 26.

letzteren Art gehören die in Fig. 24—28 dargestellten Transformatoren, zu den ersteren die, in Fig. 23 dargestellte. Das
Grundprinzip bei allen
diesen Transformatoren
besteht darin, dafs die
Eisenarmierung recht-
winkelig zu den Kupfer-
drähten angebracht
ist. Praktisch verwen-
det wurden anfänglich
Transformatoren von
der in Fig. 25 darge-
stellten Form, bei wel-
cher ein ringförmiger
Eisenkern von Drähten
umgeben ist; später
sind die Erfinder zu
der in Fig. 23 darge-
stellten Form überge-

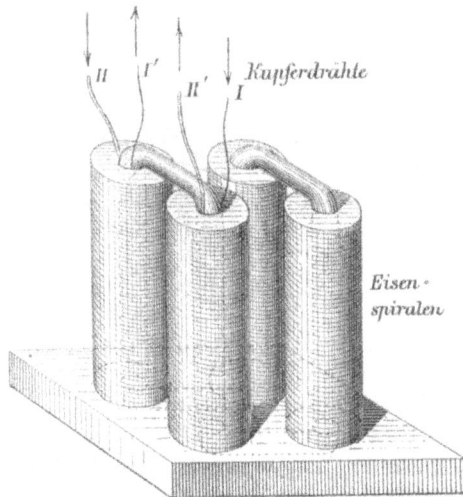

Fig. 27.

gangen. Bei allen Formen ist überall das Prinzip innegehalten, daſs für jedes Längenelement des magnetischen Stromkreises die magnetisierende Kraft und der magnetische Widerstand denselben Wert besitzen, wodurch die Bildung von Polen, welche stets Streuung von Kraftlinien zur Folge haben, vermieden wird.

Dieses Stromverteilungssystem hatte sich insbesondere auf der Budapester Ausstellung volle Anerkennung verschafft, denn daselbst wurde von einem Zentrum aus mehrere ziemlich weit entfernte Ausstellungsobjekte auf eine Maximaldistanz von 1300 m mit Glühlampen beleuchtet, wobei die einzelnen Stromkreise voneinander gänzlich unabhängig waren, so daſs in jedem derselben die Lampen nach Belieben gelöscht oder eingeschaltet werden konnten, ohne daſs dies irgendwo eine bemerkbare Änderung der Leuchtkraft hervorgebracht hätte.

Es war also im Jahre 1885 das Problem der Stromverteilung mit Transformatoren in wirklich praktischer Weise gelöst worden. Die Ideen, welche die Erfinder zu dieser trefflich gelungenen Lösung führten, waren aber den Theoretikern und Praktikern in der Elektrotechnik so sehr unbekannt, daſs es lange genug gedauert hat, bis sie dieselben verstanden und sich zu eigen machten. Noch im Februar 1886 konnte ein Fachmann wie Professor

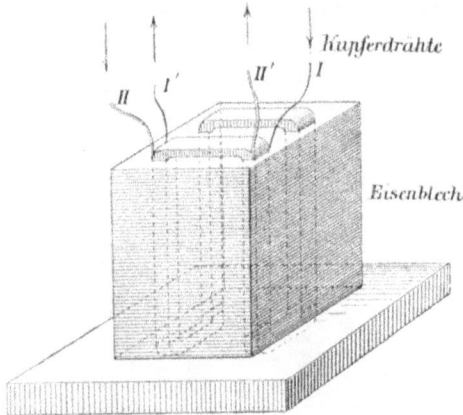

Fig. 30.

Forbes in den Cantor Lectures die Parallelschaltung von Transformatoren für gänzlich unpraktisch halten. Er glaubt nämlich, daſs bei der in Fig. 29 dargestellten Schaltung die Spannung von der Dynamomaschine aus abnimmt, weshalb diese Schaltung, welche wohl überhaupt niemand anwenden wird, unbrauchbar sei und die in Fig. 30 dargestellte angewendet werden müsse. Es ist nahezu unbegreiflich, daſs ein Mann, wie Forbes, so etwas aussprechen kann. Nach Professor Forbes müſste man bei der

direkten Stromverteilung nach dem Edison-System zu jeder Glühlampe eine Separatleitung führen. Mit Rücksicht auf die grofse
Zahl der Leitungen hat Professor F o r b e s sodann die in Fig 31
dargestellte Serienschaltung für die richtige und beste befunden.
Man wäre geneigt anzunehmen, dafs Professor F o r b e s die

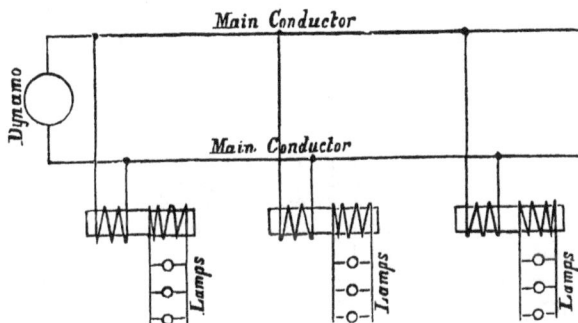

Fig 29.

schwerwiegenden Nachteile dieser Schaltung unbekannt gewesen
wären, das ist aber nicht der Fall. Er führt sogar selbst an,
dafs man bei der Serienschaltung die Stromstärke constant erhalten müsse und dafs jeder Transformator einer besonderen

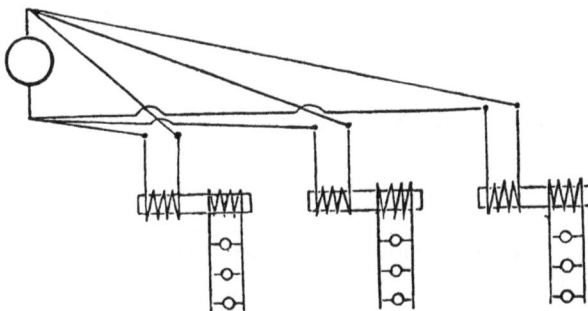

Fig 30.

Reguliervorrichtung bedürfe, welche darin bestünde, dafs der Eisenkern gehoben oder gesenkt würde; nebenbei bemerkt eine Sache,
die bei einem gut konstruierten Transformator unmöglich ist.
Diese Reguliervorrichtung sei nun neuerdings automatisch gemacht.

»Dies ist, sagt Professor F o r b e s, der letzte Triumph, welcher
einer Reihe mühevoller Experimente hinzugefügt ist, welche uns

Jahr auf Jahr der Lösung der Schwierigkeiten näher gebracht
hat. Ich bin nicht in der Lage, den modus operandi hier er-
klären zu dürfen, habe aber den Apparat sehr zufriedenstellend
funktionieren sehen.«

Dieser Apparat ist aber bis heute noch nicht bekannt geworden. Die Behauptung, daſs die mühevollen Experimente uns
Jahr auf Jahr der Lösung der Schwierigkeiten näher gebracht

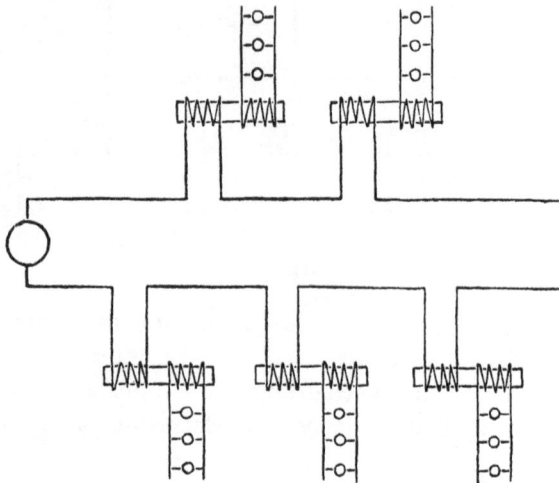

Fig 31

hätten, ist ganz unzutreffend. Gerade das Gegenteil ist richtig,
sie haben uns Jahr auf Jahr immer weiter davon entfernt, bis
endlich alles über Bord geworfen und von vorn angefangen werden
muſste.

Gegen die Parallelschaltung der Transformatoren sprachen
sich auch Esson [1]) und Professor Rühlmann [2]) aus. In gleicher
Weise plaidierten auch die Herren Gaulard & Gibbs selbst
noch einige Zeit nach Bekanntwerden des Zipernowsky-Déri'schen
Systems für ihre eigene Schaltungsweise, bis sie schlieſslich durch
die unangenehmen Erfahrungen in der Grosvenor Gallery in
London gezwungen wurden, das Parallelschaltungssystem zu adop-
tieren, welche sie auch alsbald thatsächlich in Tours verwendeten.

1) Electrical Review Bd. XVII p. 157.
2) Elektrotechnische Zeitschrift September 1885.

Es gab also bis auf die jüngste Zeit noch sehr viele Elektrotechniker, welche die Vorteile der Parallelschaltung nicht ein-
sahen und zwar aus dem einfachen Grunde, weil ihnen jene
Eigenschaften der pollosen Transformatoren nicht bekannt waren,
welche die Parallelschaltung zu einer rationellen Stromverteilungsanlage für Transformatoren geeignet machen. Besonders war
eine Eigenschaft der Transformatoren bis zum Jahre 1885 in der
einschlägigen Fachlitteratur unbekannt geblieben, nämlich jene
Eigenschaft, daſs bei zweckmäſsig konstruierten Transformatoren
das Verhältnis zwischen der primären und sekundären Spannung
auch bei beliebig variabler Stromentnahme unverändert bleibt, daſs
man also durch die Konstanterhaltung der primären Spannung
auch die sekundäre konstant erhalten kann, wenn man die Transformatoren parallel schaltet.

Dreiſsig Jahre hat es gedauert, bis man endlich denjenigen
Weg auffand, welcher zu dem lang ersehnten Resultate führte.
Wir haben bereits zur Genüge auseinandergesetzt, daſs dieser
Weg wesentlich verschieden von demjenigen war, welcher von
sämtlichen Elektrotechnikern bis nach Gaulard eingeschlagen
ward, daſs man nicht bloſs mit der Schaltungsweise und Disposition, ferner mit der Regulierung im System, sondern auch mit
der Konstruktion der Transformatoren selbst vollkommen brechen
und Apparate konstruieren muſste, welche ganz anderen Gesetzen
gehorchten, wie die früher verwendeten.

Wenn auch magnetisch geschlossene Induktoren schon durch
frühere Erfinder für andere Zwecke in Vorschlag gebracht waren,
so gebührt doch das Verdienst, eigentlich pollose Transformatoren,
bei welchen sämtliche primären und sekundären Windungen magnetisch gleichliegend waren, zuerst erfunden, ausgeführt und zu
einem selbstregulierenden Stromverteilungssystem kombiniert zu
haben, ohne Zweifel den Herren Zipernowsky, Déri und
Bláthy.

Man hätte wohl denken sollen, daſs, nachdem die Stromverteilung durch die Glühlampe einen ganz bestimmten Charakter
angenommen hatte, es nicht hätte schwer fallen können, ein selbstregulierendes System der Verteilung mit Transformatoren ausfindig
zu machen. Allein wie die Thatsachen zeigen, war dies nicht
der Fall; denn, nachdem das Edison'sche Beleuchtungssystem
längst bekannt war, fanden wir noch Elektrotechniker wie

Haitzema Enuma, Gaulard und Kennedy mit hinterein-
andergeschalteten Transformatoren experimentieren, ja der letztere
schreckt sogar seine Fachgenossen vor dem Versuche, Transformatoren parallelgeschaltet zu betreiben, ab, weil er offenbar diese
Schaltung praktisch für unausführbar hält.

Wir haben hier die Entwickelung der Stromverteilung mit
Transformatoren, wie sie sich in Europa vollzog, bis zur voll-
ständigen Lösung des Problems verfolgt. Die amerikanischen
Elektrotechniker haben sich die Sache etwas leichter gemacht.
Sie haben ruhig abgewartet, bis die Erfindung in Europa brauch-
bare Resultate ergab und dann dieselbe einfach importiert.

Heute gehört der Parallelschaltung der Transformatoren un-
bedingt das Feld, und nachdem die Anlage in den Kaliwerken
zu Aschersleben durch Überschwemmung zu Grunde gegangen
ist, ist uns nur noch eine einzige Anlage mit hintereinander-
geschalteten Transformatoren bekannt, nämlich jene in Tivoli
bei Rom, welche von Gaulard im Jahre 1886 eingerichtet
wurde. Diese Anlage dient jedoch blofs zur Speisung einer stets
gleichbleibenden Anzahl von Strafsenlaternen, dieselbe kann also
auf den Namen einer Stromverteilungsanlage keinen Anspruch
machen.

www.ingramcontent.com/pod-product-compliance
Lightning Source LLC
Chambersburg PA
CBHW031457180326
41458CB00002B/796